【美】马丁·加德纳◎著

涂　泓◎译

冯承天◎译校

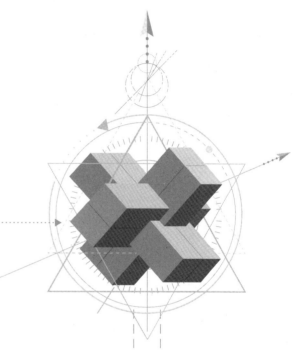

孔明锁
与矩阵博士

Burrs
& Dr. Matrix
Penrose Tiles to Trapdoor Ciphers

上海科技教育出版社

图书在版编目(CIP)数据

孔明锁与矩阵博士/(美)马丁·加德纳著;涂泓译.
—上海:上海科技教育出版社,2020.7(2024.7重印)
(马丁·加德纳数学游戏全集)
书名原文:Penrose Tiles to Trapdoor Ciphers
ISBN 978-7-5428-7233-3

Ⅰ.①孔…　Ⅱ.①马…　②涂…　Ⅲ.①数学—
普及读物　Ⅳ.①O1-49

中国版本图书馆CIP数据核字(2020)第055073号

献给彭罗斯①

　　为他在数学、物理和宇宙学方面作出的种种美丽的、惊人的发现；为他在宇宙运作方式方面所具有的那种深刻的、创造性的洞见；以及为他的那种谦逊，因为他以为自己不过是探究了人类心智的各种产物。

———————————

　　① 彭罗斯爵士（Roger Penrose, 1931—　　），英国数学物理学家，对广义相对论与宇宙学具有重要贡献，在趣味数学和哲学方面也有重要影响。——译者注

目　录

序

序

本书是我在25年间为《科学美国人》(*Scientific American*)所写的一系列专栏文章集成的一本合集。它是这样的合集中的第13本。如果必须冠上一个统一的标题的话，那么这个标题就是趣味数学，即本着一种游戏精神而呈现的数学。正如前几本书一样，作者根据读者的反馈对这些专栏文章进行了补充、修改和扩展。我在此宣布我的发现：矩阵博士并没有如人们所相信的那样被俄罗斯克格勃间谍谋害，而是还活着，并且在卡萨布兰卡非常健康地生活着。

马丁·加德纳

第 **1** 章
负　数

　　负国的居民们看起来出奇地像我们。

　　他们的学生们追求一个负的年级，他们对于一个正的年级抱怨不休。

　　那位高尔夫球手轻易获得了负四，他从不增加他的比分。

　　与此同时，他妻子看待商店购物的价格却是非负的。

——欧文·E·方，
《不幸恋人们的故事》
（*A Tale of Star-crossed Lovers*）

当一个孩子学习说话的时候,头几个正整数的名称对于他的词汇之必要性,几乎相当与"狗"、"猫"和"鸟"。我们的古老祖先们必定有过类似的经历。计数数,有时也称为自然数,无疑是最初的一批词汇,它们有用的程度足以使它们需要名称。现今的数学家们将"数"这个词应用于数百种抽象的怪兽,它们已经和计数远隔万里。

扩大"数"的意义的第一小步是把分数也接纳为数。尽管世上的许多东西通常的体验都不是分数(恒星、奶牛、河流等),不过还是很容易了解半个苹果或者12头绵羊的 $\frac{1}{3}$ 是什么意思。不过接下去一步,接受负数,是如此令人望而生畏,以至于直到17世纪,数学家们才开始真正对它感到心安理得。许多人现在仍然对它感到忐忑不安。奥登(W. H. Auden)援引了他在学校里学过的一首短歌,歌词就是这样的:

负负得正。

其中的理由我们不需讨论。

我们必须将负数与减法运算区分开来①。一个孩子或者一名没有受过教育的牧民能毫无困难地从10头奶牛中减去6头奶牛。然而,一头"负奶

---

① 按近代的看法 $a - b = a + (-b)$,$a, b \in \mathbf{N}$,即减去一数等于加上此数的负数,因此两者还是有关联的。——译者注

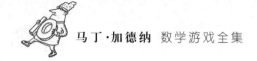

牛"却比一头鬼魂奶牛还要难以想象。一头鬼魂奶牛至少还有某种真实性，但一头负奶牛却比没有奶牛还要来得不真实。一头奶牛减去一头奶牛，什么都没留下。但是将一头负奶牛加上一头正奶牛，结果导致两者都消失不见，就像一个粒子碰到它的反粒子那样，这看起来就像下列这个老笑话一样荒谬可笑。这个笑话讲的是一个人，他的个性是如此地消极负面，以至于当他走进一场聚会时，宾客们就会环顾四周，并问道："谁离开了？"

以下是古希腊人如何感觉负数的。他们热爱几何，并且乐于将各种数学实体想象成他们能够用图形表示的事物。对他们而言，"数"是能够用鹅卵石或石板上的点来模拟的自然数和正整分数①。古希腊人的原始代数中没有零，也没有任何负的量。他们甚至不愿意把1称为一个数，因为正如亚里士多德所说的，数是用来度量有多种状态的东西的。而1是度量单位，没有多重性。

很重要的一点我们要意识到，这种态度在很大程度上是一个语言上的偏好问题。希腊数学家们知道 $(10-4)(8-2)$ 等于 $(10×8)-(4×8)-(2×10)+(2×4)$。要承认这样一种相等性，那就是要隐含地接受后来所谓的符号律：任意两个具有同样符号的数的乘积是正的，而任意两个具有不同符号的数的乘积是负的。正是由于这一点，希腊人宁可不把 $-n$ 称为数。对于他们而

---

① 这里指的是具有 $a/b, a, b \in \mathbf{N}, b \neq 0$ 形式的数。——译者注

言,这只不过是一个符号,表示某件要取走的事物。你可以从10个苹果中取走2个苹果,但是要从2个苹果中取走10个苹果对他们来说就是无稽之谈。他们知道$4x+20=4$给出的x值是-4,但是他们拒绝写下这样一个方程,因为它的解"不是一个数"。出于同样的理由,他们也不认可$-\sqrt{n}$是n的一个正当的平方根。

很难确切地知道更早的巴比伦人是如何看待那些负的量的,不过他们对这些量的态度似乎比希腊人要更宽心些。比我们早很多的中国数学家们已用竹算筹飞快地进行计算,他们用红算筹表示正数("正"),用黑算筹表示负数("负")。同样的这两种颜色后来也用来表示书写的正数和负数。《九章算术》是汉代(约公元前200年至公元200年)的一部有名的著作,其中解释了算筹运算步骤,并且人们相信负数第一次以印刷形式出现。不过,书中并不承认负根和符号律。

使用零和负数的系统性代数直到17世纪才建立起来,当时印度数学家们开始在一些涉及余额和欠款的问题中采用负值。他们不仅是首先用一种现代的方式来使用零的,而且在他们所写的一些方程中,用数字上方加一个点或者一个小圆圈这样的符号来表示负数。他们明确地用公式表示符号律,并承认每个正数都有两个平方根,一正一负。

文艺复兴时期的大部分欧洲数学家都承继希腊的传统,抱着怀疑的态度看待负数量。在这里我们还是必须记住,这更多的是语言偏好,而不是不能理解的问题。文艺复兴时期的代数学家们对于如何操作负根心知肚明,他们只是称它们为"假根"。他们很清楚地知道如何用负数去解方程,不过他们就是要避免把"数"这个词应用于小于零的那些量。

到了17世纪,有几位有胆识的数学家修改了他们的语言,以便将负数包括进来成为合法的数,但是这种做法继续遭遇阻力,有时候是来自一些杰出数学家的抵制。笛卡儿[1]将这些负根说成是"伪根",而帕斯卡[2]则认为将任何小于零的东西称为一个数都是毫无意义的。帕斯卡的朋友阿诺德(Antoine Arnauld)对负值的荒谬性给出了如下证明:符号律强制我们得出 $-1/1 = 1/-1$。如果把此式当做是两个比例之间的一个等式,那么我们就必须断言,一个较小数比上一个较大数,就等于一个较大数比上一个较小数。这个表面上看似真的悖论正如克莱因在《古今数学思想》[3]中指出的那样,曾由文艺复兴时期数学家们大量讨论过。尽管莱布尼茨[4]认同这个悖论很难解决,不过他捍卫负数,认为它们是有用的符号,因为没有它们就不能进行正确的计算。

17世纪和18世纪的一些最杰出数学家——举两个来说,如沃利斯[5]和欧拉——接受了负数,但又相信它们大于无穷。为什么?因为有 $a/0 = \infty$。因此如果我们用 a 去除以一个小于零的数,比如说-100,我们难道不应去构造一个超过无穷的负商吗?

用于加法和减法的符号在文艺复兴时期发生了相当大的变化。如今

---

① 笛卡儿(René Descartes,1596—1650),法国哲学家、数学家、物理学家。他对现代数学的发展作出了重要的贡献,因将几何坐标体系公式化而被认为是解析几何之父。——译者注

② 帕斯卡(Blaise Pascal,1623—1662),法国数学家、物理学家、哲学家。早期在数学和物理方面的工作对射影几何、概率论、流体等方面都有重要贡献。晚年专注于沉思和哲学,写下《思想录》(*Pensées*)等经典著作。——译者注

③ 克莱因(Morris Kline,1908—1992),美国数学史学家,数学哲学家,数学教育家,出版过许多有关数学的著作。《古今数学思想》(*Mathematical Thought from Ancient to Modern Times*)一书中译本由上海科学技术出版社翻译出版,译者张理京,张锦炎,江泽涵等。——译者注

④ 莱布尼茨(Gottfried Wilhelm Leibniz,1646—1716),德国哲学家、数学家、物理学家、历史学家和哲学家。他和牛顿先后独立发明了微积分,而他所使用的微积分符号得到更广泛的使用。——译者注

⑤ 沃利斯(John Wallis,1616—1703),英国数学家,对现代微积分的发展作出了贡献。——译者注

我们所熟悉的加号和减号最初是在15世纪的德国作为仓库中的标志出现的。它们表示一个容器中所装的东西何时超过或者低于某个标准重量。到了16世纪早期，德国和荷兰的代数学家们使用"＋"和"–"来作为运算符号，并且这种做法很快就传播到了英格兰。雷科德（Robert Recorde）是爱德华四世和玛丽女王的内科医师，他在1541年写了一本当时很流行的算术教科书，这是英语中首次使用加号和减号，尽管并不是用作运算。他对这两个符号的解释如下："这个图形+，表示太多，而这根线–，没有竖线的水平线，则表示太少。"雷科德后来撰写的一本书是在英格兰首次使用相等的现代符号。"正如我常常在工作中使用的那样，画出一对平行线……像这样：＝，因为没有任何两件事物可以比它们更加能表示等同了。"

在18世纪，负数在代数中的使用在世界各地变得普遍，而这是以负号来标定的。然而，大部分数学家仍然感到困惑。他们的书籍中长篇大论地申述符号律的合理性，有些作者愚蠢到用极过分的步骤，以重新排列各方程来避免两个负数的相乘。下面有一段摘自《关于在代数中使用负号的论文》的文章，其作者梅齐埃男爵（Baron Francis Masères，1731—1824）是一位英国的出庭律师，在加拿大魁北克省担任首席检察官。

一个单独的量永远不能……被看成肯定的，也不能看成否定的。因为如果任何一个单独的量，比如说 b，被标上了+号或者–号，而对其他某个它要加上或者减去的量，比如说 a，不标上符号，那么这个符号就会毫无意思，或者说毫无意

义：因此，如果要说–5的平方……等于+25，那么，这样一个断言要么只是意味着5乘以5等于25而完全不考虑符号，要么就必然只不过是无稽之谈和一句隐晦难懂的行话罢了。

德摩根[1]在《一批悖论》(*A Budget of Paradoxes*)一书中引用了这段话。德摩根告诉我们，梅齐埃是如此诚实的一位律师，以至于如果他认为他的委托人是有罪的，而却又能赢得官司，就无法忍受了。德摩根写道，其结果是梅齐埃的生意每况愈下。

再往前翻几页，德摩根对《代数原理》(*The Principles of Algebra*)大肆攻击，此书的作者弗伦德(William Frend)原先是一位牧师，而且恰好是他的岳父。(弗伦德由于他的那些一位论[2]观点而被剑桥大张旗鼓地驱逐出去，这件事轰动一时，后来得到了柯尔律治[3]和普利斯特利[4]的坚决捍卫。)弗伦德的这部两卷本著作很可能是有史以来最有野心的一本代数教科书：零和一切负数在其中都像弗伦德在剑桥一样不受欢迎。

德摩根全文转载了弗伦德的那出关于拉伯雷[5]的欢闹的滑稽讽刺戏，

---

① 德摩根(Augustus De Morgan, 1806—1871)，英国数学家、逻辑学家，对分析学、代数学、数学史及逻辑学等方面都作出了重要贡献。——译者注

② 一位论认为上帝只有一位，且否定基督神性，是基督教中不信三位一体的唯一教派。——译者注

③ 柯尔律治(Samuel Taylor Coleridge, 1772—1834)，英国诗人、文学评论家，英国浪漫主义文学的奠基人之一。——译者注

④ 普利斯特利(Joseph Priestley, 1733—1804)，英国自然哲学家、化学家、牧师、教育家和自由政治理论家，对气体特别是氧气的早期研究作出过重要贡献。——译者注

⑤ 拉伯雷(François Rabelais, 1494—1553)，文艺复兴时期的法国作家，代表作是长篇小说《卡刚都亚和庞大固埃》(*Gargantua and Pantagruel*)，中译本题为《巨人传》。——译者注

剧中的巨人庞大固埃（Pantagruel）对于零的无用性进行了一番狂野的演讲。文中有一个哀怨的脚注引用了德摩根夫人的话："（我父亲）心智的清晰和率直也许导致他在数学方面作出的异端邪说，即在代数运算中拒绝使用负值。很可能是因为这个原因，他使自己失去了一种计算工具，而使用这种工具原本可能会引导他在那些更高的分支上取得更大的成就。

在没有负数的情况下怎么做代数呢？首先，你必须避免任何会导致出现负数个真实物体的方程，也不能将负的大小指派给这些物体的方程。即使当一个方程会导致一个正确的、正的解答时，也必须把它写成避免未知数出现负值的形式。例如：母亲现在 29 岁，女儿现在 16 岁，什么时候母亲的年龄是女儿的两倍？我们也许会把这道题目写成 $29+x=2×(16+x)$，然后可能会令我们惊奇地发现，$x=-3$。这个结果导出的是正确答案：当母亲为 26 岁、女儿为 13 岁时，母亲的年龄曾是女儿的两倍。作为一位 18 世纪的代数学家，如果他厌恶负数的话，那么他就会避免这个 -3，而将方程重写为：$29-x=2×(16-x)$。这样安排就会使 x 有一个可以接受的值 3，而这当然会给出与刚才同样的答案。

在过去的几个世纪中，就像现今在初级代数课上那样，接受负数的主要绊脚石是"看出"两个负数之积怎么会是正数。正数乘以正数不会造成任何困难。将 3 对橙子放进一个空碗，那么这个碗里就会装着 6 个橙子。正数乘以负数开始变得神秘，不过假如你承认一个负橙子这种抽象的实在性，那么这也不难理解这一点。将 3 对负橙子放进碗中，于是你就得到 6 个负橙子。但是，用两个负橙子去乘以 -3 究竟是什么意思呢？你从两个鬼魂橙子开始，总数比什么都没有还要小，然后你再对它们做某件负的事情。这 6 个真的橙子从何而来？它们似乎是由于魔法的结果才出现在碗中的。

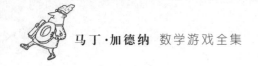

试图通过沿着如图1.1中所示的数轴走动来对此作出解释,对于初学的学生们而言,此举也不会有多大成效。用从零往右的那些单位标志很容易标定正整数,而用从零往左的那些单位标志则很容易标定负整数。加法是向右移动,而减法则是向左移动。要用2乘以3,我们就先向右移两个单位,然后重复三遍,这就到达了6。要用−2乘以3,我们就先向左移两个单位,然后重复三遍,这就到达了−6。但是−2乘以−3怎么办呢?有什么超自然的力量会将我们从0的左边突然传输到在右边的6呢?

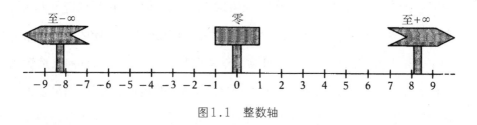

图1.1 整数轴

这就很容易原谅前几个世纪的数学家们将这一概念看成是荒诞不经的了。事实上,直至像群、环和域这样的抽象结构得到仔细定义之后,上述整个过程才能被完全理解。在这里解释这些结构并不适当,因此我满足于指出以下这一点:当数学家们发现可取的做法是扩大数的概念,从而将零和负数包括进来时,他们就想要让这些新数的行为尽可能与原来的数相像。

古老算术中的基本公理之一是分配率,可将它表述为$a(b+c)=ab+ac$。例如,$2\times(3+4)=(2\times3)+(2\times4)$。将2和3改为负数,这时只有当你采纳两个负数之积为正数这条规则时,这个等式才会依旧成立。倘若它们的乘积是负的,那么这个等式就会简化为−2=−14,这是一个矛盾。用现代术语来说,整数集合构成了一个关于加法、减法和乘法闭合的"环"。这一条款就意味着,无论我们如何对整数进行相加、相减或相乘,无论它们的符号如何,其结果总是一个整数。原来所有适用于正整数的算术定律,现在仍旧成立,而且我们永远也不会遇到矛盾。(除法不是恒能进行的,因为我们由此可能会得到一个分数,而分数并不是这个环中的元素。)

因此,说数学家们能够"证明"两个负数之积是一个正数,这是不对的。确切点说,这里的情况是对于一些规则的约定,即允许负数遵循原来适用于自然数的所有规则。如果把整分数也包括在内,那么这个环就增大到一个在所有四则运算下均闭合的"域"。

尽管不存在任何"证明"$(-2)\times(-3)=6$,不过还是很容易想到一些做法,从而将符号律应用于一些真实情况。事实上,如果一个标度具有两个相反方向或指向:东和西、上和下(比如说像温度计上的标度)、时间向前和向后(或者时钟上的顺时针和逆时针)、盈利和亏损,以及数以百计的其他情况,那么对于涉及这样一个标度上的数字的所有情况,符号律都适用。正是由于这些应用,使得"带符号的数"有时候被称为"有向数"。

在将符号律应用于这些例子时,我们总是必须将这些量与对它们施加的那些运算区别开来。当我们考虑一个带符号的量与一个负数相乘时,这种区别尤为必要。我们很容易理解将一个正的量或一个负的量取 n 次是什么意思,但是将它取 $-n$ 次又是什么意思呢?考虑这种神秘运算的最清晰方法就是将它分解成两部分:

1. 将这个量复制 n 次。

2. 将结果转换成它的关于零的相反数。换句话说,就是改变其符号。

在数轴上,上述的第二步相当于将一个点通过放置在零刻度处的一面镜子进行反射。假设在 -2 处有一个小虫。要将它的位置乘以3,并不存在什么困难。我们只要将 -2 复制3遍,就把这只小虫运到了 -6。但是,如果这只小虫在2处,而我们希望乘以 -3,那么我们的运算就是要将2复制3次,

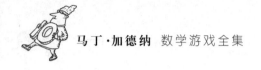

于是将小虫置于6处,然后再反转。这个过程将小虫运送到了-6处的镜像点。如果这只小虫是在-2处,乘以-3的运算也是同样操作。我们将-2复制3遍,于是将小虫置于-6处,然后再通过反转将其运送到6。

这看起来也许就像是数轴上的巫术,但是,当我们将这个过程应用于许多其他情况时,这种做法看起来就相当正常了。例如,假设一个人赌博每天输掉10美元。未来被定义为正,而过去则被定义为负。从现在起的3天后,他会输掉30[3×(-10)=-30]美元。3天之前,他比今天多30美元[(-3)×(-10)=30]。在任意有向标度上都会出现相同的情况。如果一个水槽里的水在以每分钟3厘米的速率下降,那么2分钟前的水面就比现在高(-3)×(-2)=6厘米。如果小虫在数轴上每秒钟向西爬行3厘米,那么2秒钟之前它就在当前位置的东边(-3)×(-2)=6厘米处。

物体有各种具有负的量值的性质,其中我们最为熟悉的就是重量。在你的口袋里增加一克重量,于是你就变重些了。将一些氦气球系在你身上,每个气球都以相当于一克的力往上提升,于是你就轻些了。移除3对气球,你的重量就增加了(-2)×(-3)=6克。

杜毕西(Roy Dubisch)写道[《数学教师》(*The Mathematics Teacher*),1971年12月]:"想象有一个镇,那里好人们在搬进搬出,坏人们也在搬进搬出。显而易见,一个好人是+,而一个坏人是-。同样显而易见的是,搬进是+而搬出是-。更进一步说,明白无疑的事情还有:一个好人搬进这个镇,对于这个镇而言是一个+;一个好人离开这个镇是一个-;一个坏人搬进这个镇是一个-;最后,一个坏人离开这个镇是一个+。"如果有3对坏人搬出,那么这个镇赢得(-2)×(-3)=6个点。我们可以用两种颜色的扑克筹码以及用一个圆点来表示这个镇,从而模拟这种情形。

人们也提出了其他一些模型来教会孩子们掌握在整数环上可以进行

的那几种运算。以下是我自己的一个模型,这个模型极为简单,因此其他人以前肯定想到过。它由一块一厘米厚的正方形板构成,板上钻有100个孔,并排成一个正方形阵列。每个孔里都能恰好插入一根一厘米长的插销。这根插销可以取以下三种位置之一:与板齐平(0)、上方突出半厘米(+1)、下方突出半厘米(-1)。如果所有插销都是齐平的,那么这块板就处于0状态。如果有k个插销向上突出,它就处于k状态;如果有$-k$根插销向上突出,它就处于$-k$状态。(见图1.2)

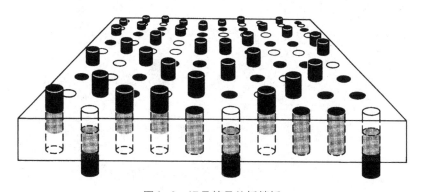

图1.2　记录符号的插销板

要给板的状态增加n,就把n根插销往上推,总是先把本来向下的插销往上推(如果还有任何向下的插销的话),然后再转移到那些本来齐平的插销。要从板的状态中减去n,就把n根插销往下推,先推本来向上的插销(如果有的话),然后再转移到那些本来齐平的插销。

要将板的状态乘以n,就把该状态复制n遍。如果该状态是0,那就没有什么事可做了。如果本来有k根插销是向上的,那就再向上推$n-1$组k根插销。如果本来有k根插销是向下的,就再向下推$n-1$组k根插销。要将板的状态乘以$-n$,那么首先(如上所述)乘以n,然后再把这块板翻过来。

有一种模型很可能更容易操作,那就是一块带有一些小型转换开关的板,这些开关可以被置于上(+)、中(0)、下(-1)三个位置。在这种情况下,乘以一个负数是通过把将这块板旋转180度来实现的。(见图1.3)

假如亚里士多德今天还活着,并且有20年的时间来学习现代代数,他也许仍然觉得把"数"这个词用于大于1的自然数是更可取的。(有这样一种说法——所有的"人造数"只不过都是用"自然数"构建而成的[①]。)这是那

图1.3 符号律的转换开关面板模型

---

① 德国数学家、逻辑学家克罗内克(Leopold Kronecker, 1823—1891)说过:"上帝创造了整数,其余都是人做的工作。"——译者注

些咬文嚼字的争论之一,而最后不会有任何结果。关键是在于,环和域中的每个元素都有其相反数或负的孪生兄弟,这两个概念可应用于自然界各种各样的物体和自然现象中。

我们在试图将负数和符号律应用于真实世界中的立方体和其他"事物"时,也许会陷入严重的麻烦,就如林顿的诗中所描述的那样(见图1.4),但有些时候这种应用也会出乎意料地恰当。如果忽略辐射的话,用插销板来描述狄喇克①关于粒子和反粒子的理论,也是一个不错的模型,而那种理论预言了正电子的存在!

A Positive Reminder

by J. A. Lindon

A carpenter named Charlie Bratticks,
Who had a taste for mathematics,
One summer Tuesday, just for fun,
Made a wooden cube side minus one.

Though this to you may well seem wrong,
He made it *minus* one foot long,
Which meant (I hope your brains aren't
  frothing)
Its length was one foot less than nothing.

In width the same (you're not asleep?)
And likewise minus one foot deep;
Giving, when multiplied (be solemn!),
Minus one cubic foot of volume.

With sweating brow this cube he sawed
Through areas of solid board;
For though each cut had minus length,
Minus *times* minus sapped his strength.

A second cube he made, but thus:
This time each one foot length was plus;
Meaning of course that here one put
For volume: *plus* one cubic foot.

So now he had, just for his sins,
Two cubes as like as deviant twins;
And feeling one should know the worst,
He placed the second in the first.

One plus, one minus—there's no doubt
The edges simply cancelled out;
So did the volume, nothing gained;
Only the surfaces remained.

Well may you open wide your eyes,
For these were now of double size,
On something which, thanks to his skill,
Took up no room and measured nil.

From solid ebony he'd cut
These bulky cubic objects, but
All that remained was now a thin
Black sharply-angled sort of skin

Of twelve square feet—which though not
  small,
Weighed nothing, filled no space at all.
It stands there yet on Charlie's floor;
He can't think what to use it for!

---

① 狄喇克(P. A. M. Dirac,1902—1984),英国理论物理学家,量子力学的奠基者之一,对量子电动力学早期的发展也作出了重要贡献。——译者注

一个正的[1]提醒

林顿

一位名叫查理·布莱迪克斯的木匠，

他对于数学有点兴趣，

一个夏季的周二，只是为了乐趣，

他用木材制作了一个边长为负一的立方体。

尽管这对你来说很可能看起来是错误的，

不过他制作出的长度是负一英尺，

这就意味着(我希望你们的头脑没在起泡)

它的长度比什么都没有还要短一英尺。

至于宽度也是一样(你不觉得昏昏欲睡吗?)

而高度同样是负一英尺；

当它们相乘(要一本正经的!)，就给出

体积是负一立方英尺。

他满头大汗地锯开这个立方体，

锯穿那些结实木板构成的表面；

因为尽管切割下的每一段长度都是负的，

但是负乘以负却耗尽他的力气。

他又制作了第二个立方体，不过是这样：

这次每一英尺长度都是正的；

于是当然就意味着人们在这里得出的

体积:正一立方英尺。

因此作为对他的报应，现在他就有了

两个立方体，它们如同一对偏常的双胞胎；

而且由于他觉得人们应该知道最糟的，

因此他将第二个放在第一个之中。

一个正，一个负——毫无疑问

这些边无非相互抵消；

体积也是如此，结果一无所获；

留下的只有那些表面。

你很可能会目瞪口呆，

因为它们现在都是两倍大小，

依附在多亏了他的技巧而制成的某种

(续接下页)

---

① positive可表示正值的、无可怀疑的、建设性的、积极的等意。——译者注

（续接上页）

既不占据空间,又无任何大小的
东西之上。

他从实心黑檀木中切割出
这两个庞大的立方体,然而
如今剩下的就只有一副薄如纸
翼的
黑色尖角似的外皮。

它的十二平方英尺——尽管不
算小,
却丝毫没有重量,也一点不占据
空间。
它依然站立在查理的地板上;
他想不出要用它来做什么!

图1.4 关于十二平方英尺的奥秘

补 遗

吉尔伯特(Lawrence Gilbert)和比奇洛(Jack Bigelow)在写给《数学教师》(1986年2月第79卷)的一封信中,为乘以负数提出了一种新颖的电影模型。想象这样一部电影:一辆汽车沿路驶去。它沿着这条路向前的运动是正的,向后的运动是负的。将放映机向前放映是一种正操作,将它倒过来放映是一种负操作。如果这辆车是在沿路向前运动时被拍摄下来的,那么将它乘以正数就对应于向前播放电影,来显示汽车仍然向前运动。将它的运动乘以负数就对应于将同一段电影反过来放映,结果显示汽车向后运动。现在假设这辆汽车原本是在沿路向后倒退时被拍摄下来的。乘以正数就是向前播放电影,结果显示这辆汽车仍然在向后运动。乘以负数,就将电影反过来放映,结果显示汽车在向前运动。

科恩(Judith Kohn)写信来提出了建议,我觉得这是教儿童们学习算术运算的最佳方法:这个模型采用扑克或两种颜色的宾戈游戏①筹码和一台高射投影

---

① 宾戈(Bingo)是一种填写格子的游戏,在游戏中第一个成功者喊"Bingo"表示取胜,因而得名。——译者注

机。她后来在1978年的一篇文章中解释了这个模型。

彭尼(Walter Penney)为欧拉和沃利斯的主张提出了辩护,即负数超过无穷。他建议将数轴视为一个半径为无穷大的圆,其中无穷位于最上方,而零则位于最下方,正整数的值逆时针从零增大到无穷,而负数沿着相反方向从零增长到无穷。如果我们定义"大于"的意思是"沿逆时针方向比较远",那么负数就位于无穷远的那边。

里萨宁(Charles Rissanen)寄来一系列图画,以说明林顿的诗中所发生的情况。木匠从一大块黑檀木开始。他的负立方体就是从这大块中切割出的一个洞。当他的正立方体被放进这个洞里,这两个立方体都消失了,因而原先的木块也就复原了。

关于乘法的困惑时常起因于没有做到将数量与运算区分开来。你可以将两个苹果与三个苹果相加,但是你不能将两个苹果与三个苹果相乘或相除。比如说,考虑下面我想到的这个例子。在笛卡儿平面上画一个正方形(图1.5),其面积为$-(xy)$。根据勾股定理,对角线AC是一个正数,对角线BD也一样。几何学中有一条熟悉的定理说,一个正方形的面积等于其两条对角线的乘积的一半,因此如果这两条对角线都是正的,那么这个正方形的面积就必定是正的,这与先前证明它是负的那个结论相互抵触。其中的谬误来自于无视这样一个事实:正如你固然不能用一个负的苹果去乘,你也不能用一个负的长度去乘。

加州理工大学的著名物理学家费恩曼[1]寄给我一份令人惊奇的文章,据我所知这份文章尚未发表。我曾在我的专栏中指出,尽管在真实世界中并不存在像负的奶牛这样的东西,但是只要你最后的结论不是声称有这么多负的奶

---

[1] 费恩曼(Richard Phillips Feynman, 1918—1988),美国物理学家,1965年诺贝尔物理学奖得主。他提出的费恩曼图、费恩曼规则和重整化的计算方法是研究量子电动力学和粒子物理学的重要工具。——译者注

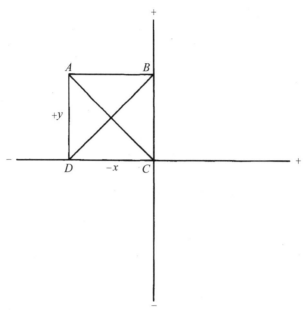

图1.5 一个正方形悖论

牛在牧场上吃草的话,负数在关于奶牛的代数计算中还是有用的。费恩曼的论文对于负概率这个令人惊奇的概念提出了类似的辩护。我无法深入讨论其中的技术细节,但是,就其实质而言,他所说的是这样一件事:只要你注意不要声称真实世界中的任何真实事件具有一个负的发生概率,那么使用负概率就能加快计算,这种情况在物理学中时有发生。

第2章

将各种形状切割成
N个全等的部分

因此魔法师不再浪费时间了，而是在向前跃起的同时举起锋利的剑，在他的头顶上旋转了一圈、两圈，然后猛力一击，将那个巫师的身体恰好一切为二。

——鲍姆，
《多萝西与奥兹国魔法师》①

---

① 鲍姆(L. Frank Baum, 1856—1919)，美国儿童文学作家，最有名的作品是《绿野仙踪》(*The Wonderful Wizard o Oz*)，此系列共有14本，有多个中译本，标题也各有不同。其中《多萝西与奥兹国魔法师》(*Dorothy and the Wizard in Oz*)上海译文出版社的译本标题为《地底历险记》，吴岩译。——译者注

在那些古老的谜题书籍中,常常会找到一类广受欢迎的谜题,题中要求将某一给定的形状分割成两个、三个或者更多个相等的部分。有的时候,"相等"就意味着全等;而有的时候,它的意思只不过是面积相等而已。读过我早前几本书的读者们也许会记得许多此类的题目:列举一块国际象棋盘能够沿着格线被分成两个或四个全等部分的方式;将太极阴阳标志(用一根直线)分成四个面积相等的部分;将一块正方形蛋糕分成体积相等的n块;将"爬行—动物"①切割成它们自身的全等复制品;还有许许多多其他的。

在本章中,我们考虑各种各样将形状切分成几个相等部分的新题目。其中有一些将我们引入现代数学的一些重大领域。

让我们首先从这些题目中最简单的开始:将一个平面图形切分成两个全等的部分。(镜像也认为是全等的。)你也许认为,所有这种题目都是很容易解答的,不过它们也可能难到令人恼火的程度。就我所知,并不存在能够从一般意义上来确定一个图形状能否被分成两个或者更多全等的部分的算法,而且关于此类分割的有趣定理也奇少无比。

① 原文为"rep-tiles",其中 rep 表示重复,tile(s)是瓷砖或铺陈,而 reptile(s)是爬行动物的意思。美国数学家戈洛姆(Solomon Golomb,1932—   )造出这个词来描述这样一些形状:它们能够被切割成几个与其自身相同形状的部分。——译者注

我们要请读者们小试牛刀,将图2.1中的这12种形状全都切割成两个完全相同的部分。这里没有任何意想不到的复杂情况。所有的半部分都是单连通的(即不存在任何空洞,也没有在单个点处相连接的部分)。这些图形中有几个是取自于一本法国杂志中关于趣味数学的专栏,作者是贝洛坎(Pierre Berloquin)。(斯克里布纳出版社为贝洛坎的三本科普谜题书出版过英译本。)其中一个有洞的图形很难,并且促使我们去研究谜题中的一个尚

图2.1 各种要被切割成全等两半的图形

未研究过的领域:将有洞的图形切割成几个全等的部分。

请注意,第四个图形所具有的唯一一种对称性是双侧对称性,其对称轴通过其中央竖直向下。任何具有双侧对称性的平面或者立体图形显然都可以通过沿着它的对称轴或对称平面切割而分成全等的两半。图2.2中显

图2.2　奥兹国的魔法师将一个曼盖布人一分为二

示了那位奥兹国的魔法师如何在多萝西的宠物猫尤里卡①的注视下,将一个邪恶的曼盖布人平分成两个全等的部分。(这个场景发生在地球表面之下的玻璃城,那里的居民全都是蔬菜。)要将一个双侧对称的图形分成几个全等的部分,是否总是有必要沿着一根对称轴或者一个对称平面来切割呢?回答是否定的,而第四个图形就证明了这一点。除了那种显而易见的方式以外,我们请您用另一种不同的方式来对这个图形进行分割。

将一个图形分成 n 个全等的部分时,通常随着 n 的增大难度会越来越高,尤其是在明确指定切割部分形状的情况下。图2.3中的那12块五格拼板提出了一个有趣的四等分问题。(我得提一下:"五格拼板"在1975年被戈洛姆注册为商标,他杜撰了这个术语。)有多少块五格拼版可以被切成全同的四片?除了三块以外,其他都可以。我惊奇地发现,有解的那九块都可以用同样的组件形状来解答——一块较小的五格拼板——并且这种形状是唯一的。你能否发现这种形状,并且鉴别出那三种不可能四等分的五格拼板吗?

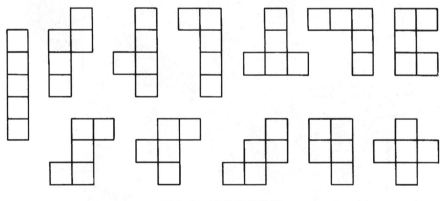

图2.3 12块五格拼板

---

① "尤里卡"(Eureka)来自古希腊语,意思是:"我发现了!"这歌词出名的原因是由于古希腊学者阿基米德的故事,他一次在浴盆里洗澡时突然发现了计算浮力的办法,即阿基米德定律,因而惊喜地叫了一声"尤里卡"。——译者注

让我们先扔掉全等的要求,只要求这 n 个部分具有相等的面积。从直觉上看起来似乎很清楚,任何平面形状都可以用一根直线切割成面积相等的两半。这条直线可以平行于在这个图形之外的任意给定直线,这一点可能就没有那么显而易见了。为了证明这种关系,我们要利用一条著名的定理:对于定义在从 A 到 B 的闭区间上的一个单变量的连续函数来说,这个函数存在一个最小值和一个最大值,且在这两者之间的所有实数值。

让我来给出一个实例。你正在沿着一条弯曲的山路从 A 到 B 步行上山。你在任一时刻的高度则是一个关于你在这条路径上的位置的连续函数。这条定理告诉我们,在这条路径上至少存在着一个高度最小的点(如果这条路径上上下下的话也可能不止一个点)、至少一个高度最大的点,并且至少有一个点的高度能达到在它们之间的每个实数值。这条定理看起来似乎明显到了不值一提的程度,然而它却有着奇异的能力,去证明那些一点都不明显的定理。

考虑图2.4中左边的那个阴影区域。在它外面有一条任意直线 x。我们想要证明:可以通过这个图形画一条平行于 x 的直线,会恰好平分这块面积。想象有一根直线,在沿着虚线箭头所指示的垂直于 x 方向缓慢移动,在移动过程中始终保持平行于 x。这根直线在 A 点触及这个区域,且在 B 点离开。当这条直线一接触到这个区域,它下方的面积就是一个关于它与过 A 点的平行线之间距离的连续函数。过 A 的这一边给出的面积为零,过 B 的那一边给出面积的最大值。根据我们的定理,在 A、B 两者之间的某处有一个点,该点的面积恰好是最大值的一半。过该点的这条直线正好平分这块面积。

这种证明如此普遍适用,因此不仅可以把它应用于任何连通的形状,其中包括有洞的形状,还可以将它应用于不连通的区域。瞥一眼图2.4的右手部分,你就应该会确信用这样一种方式可以画一条直线,它通过任意数

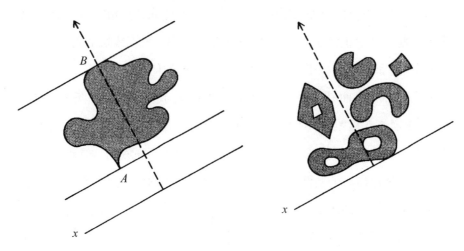

图2.4 证明关于平分一块面积的一条定理

量的区域,平行于一条给定直线,并且这根直线一边的总面积就等于另一
边的总面积。

假设你在平面上有两个任意类型的区域,如图2.5中所示。要画出一条

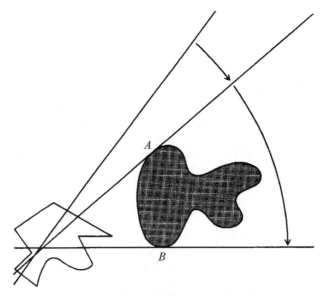

图2.5 证明平面上的火腿—三明治定理

28

直线,使它同时能将两个区域分成面积相等的两部分,这是否总是有可能做到?我们可以证明确实可能。首先用一根与灰色区域不相交的直线来将白色区域一分为二。旋转这根直线,同时一直保持着平分这个白色区域。(根据上文的那条定理,我们知道可以做到这一点。)如插图中所明示的那样,这根转动的直线会在A点触及这个灰色区域,然后在B点离开。在这根直线从A扫到B的过程中,灰色区域在A这一边的面积会连续从零变化到最大。因此在两者之间就存在着一个点,使得此时A这一边的面积等于总面积的一半。

我们对于平面已证得了一条著名的定理,这条定理可推广到所有更高维度的空间中去。在三维空间中,任意3个立体的体积都可以用一个平面来二等分;在四维空间中,任意四个图形的超体积都可以用一个$N-1$维的超平面来二等分。三维空间的那条定理有时也被称为"火腿—三明治定理",因为它适用于一个由两片面包和一片火腿构成的、推广意义上的火腿三明治。无论这几片食物的形状如何,也无论它们处于空间中的位置如何,总是存在着一个平面能将三者同时一分为二。

把这一定理推广到N维空间需要高级的数学知识,不过在二维和三维空间中,却很容易从我们的那条基本定理中来得出有关的证明。从某种意义上来说,这两者的证明都是提供一种方法来找到一根平分线或者一个平分面,不过在实际操作中要找到这样一种二等分并非易事。将几何中心(质心)相连并不奏效,因为通过一个平面(或者立体)图形几何中心的一根直线(或者一个平面)并不一定将它平分为面积(体积)相等的两半。

给定一个单连通图形,不必是凸的,那么是否总是存在着一根同时将其面积和边界线都二等分的直线呢?答案是肯定的,并且其证明与上一个非常相似。画一条在P点和Q点将边界二等分的直线,如图2.6所示。如果将

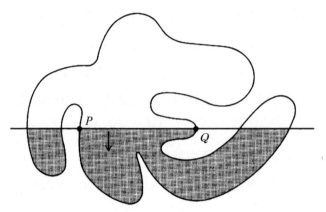

图2.6　证明关于平分边界和面积的一条定理

这条线延长后将面积也二等分,那么一切也就完成了。

　　假设这条直线没有将面积二等分。在这条直线上附加一个箭头,它指向较小面积的一边。现在将Q点和P点绕着这条边界顺时针移动,同时总是保持边界被平分。这种做法会导致这根通过P点和Q点的直线以一种连续的方式改变其指向。在此过程中,PQ两边的面积之比也会发生连续变化。在这根直线转过180度以后,它就会和初始位置重合,但此时箭头会指向两个区域中的较大一边。

　　考虑沿直线PQ没有箭头指向的那一边的面积与有箭头指向的另一边面积相减之后所得的差值。一开始它是正的。经过PQ转动了180度以后,最终它是负的。这个值显然是关于这根线转过的角度的一个连续函数,因此就必定存在着一个角度,使这个差值在该角度处为零,因而此时两块面积相等。这条定理也可以推广到更高维度的空间中去。用一个平分某一立体形表面积的平面,也可以将其体积平分。并且一般而言,用一个平分某一N维空间立体超表面积的N-1维超平面,也可以将其超体积平分。

　　另一条同样很不明显的优美定理陈述的是,任何一个区域(它也同样不必是单连通的,甚至不必是连通的)总是可以被两条相互垂直的直线恰好四等分。其标准证明既微妙，又精美。

　　想象你有一张比考虑的区域要大的透明纸。用两根相互垂直的直线 x 和 y 将这张纸分成四个象限。左上方的那个象限是深灰色的，右上方的那个象限是浅灰色的。将这张纸覆盖在那个区域上，使得水平线在这个区域的下方，而竖直线在这个区域的右方。向上滑动这张纸，直至直线 x 将这个区域平分，然后再向左滑动这张纸（使直线 x 沿着它本身滑动），直至直线 y 也同样平分这个区域。将图形的这四个区域标注为 A、B、C、D（标在该区域上，而不是在透明纸上）。图2.7的上半部分明示了这种安置方式。

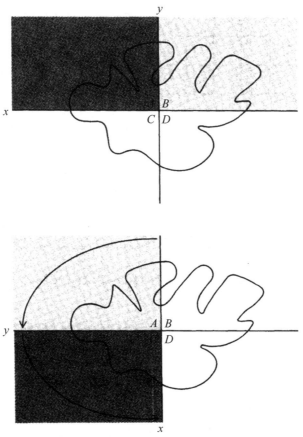

图2.7　如何用两条相互垂直的直线将任意区域四等分

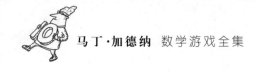

由这个构建过程可知，A 加 B 就等于 C 加 D，而 A 加 C 又等于 B 加 D。用第二个等式减去第一个等式，就有 $B-C=C-B$，或者 $2B=2C$。因此 B 等于 C，而 A 等于 D。

如果 A 等于 B，那么这个区域就被四等分了。假设它没有被四等分，并假设区域 B 大于 A。由此得出，用这个区域中的浅灰色部分面积减去深灰色部分面积，结果就是一个正数。

将这张纸逆时针转动 90 度，同时总是保持 x 和 y 对这个区域的双重二等分。这两条直线的交叉点可能会在原区域中四处漂移。在旋转完成后，这两条直线必然回到它们先前的位置，如图 2.7 下半部分所示，只不过现在 x 和 y 互换了位置。

这个区域的浅灰色面积等于 A，深灰色面积等于 C，而且由于 C 等于 B，因此深灰色面积也等于 B。深灰色区域的面积和浅灰色区域的面积也互换位置了。其结果是，如果我们用较小的浅灰色面积减去较大的深灰色面积，现在我们就得到了一个负数。

很容易看出我们的那条基本定理在此是如何应用的。用浅灰色区域的面积减去深灰色区域的面积，得到的值是关于旋转角度的一个连续函数，范围从 0 度到 90 度。既然早先的这个差值由正变到了负，那么其间必然存在着一个值，此时面积差等于零，因而两块面积就相等。当我们得到这个值时，这两根相互垂直的直线就恰好将这个区域四等分。

这条定理也可以推广到更高维度的空间。任何一个立体都可以被 3 个相互垂直的平面分成 8 个相等的部分。一般而言，任何一个 N 维立体形都可以被 n 个相互垂直的"平面"分成 2^n 个"体积"相等的部分。

如同前几个例子一样，对于非对称图形四等分的这个实际问题，这条定理并无多大帮助。例如，我们知道可以用两根相互垂直的直线来四等分一个边长为3、4、5的三角形,但是要具体作出这两根直线就完全是另一码事了。事实上,我没有听说过有任何简单方法能做到这一点。

图2.8表示的是4道等分题目,其构造方法要比将一个边长为3、4、5的三角形四等分容易得多。尽管如此,它们还是足够棘手,需要相当的巧思妙想。

第一道题目是要用一条通过P角的直线,将由9个正方形构成的整个区域分成面积相等的两个部分。

第二道题目是要画一条通过P点的直线,将由5个圆构成的总面积二等分,P点是最左边那个圆的圆心。

第三道题目是要用两条通过P点的直线,将一个正六边形的面积三等分。

第四道题目是要用一条长度最短的曲线,将一个等边三角形二等分。在图中画出了将此三角形等分的最短直线,不过还有一条更短的曲线也能等分它。

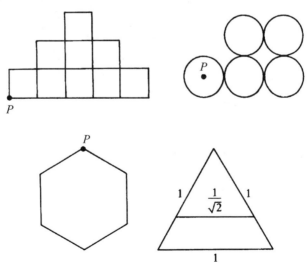

图2.8 四道等分题目

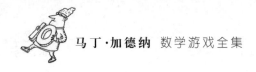

我在解答二等分5个圆那题时,需要构造出第6个圆。许多读者寄来了一种不需要第六个圆的构造方式(图2.9)。从图中明显可见,那条实线平分5个圆面积总和。随后,加利福尼亚州森尼韦尔市的菲利普斯(Max Gordon Phillips)去除了所有辅助线,从而对这种改进过的解答又作了改进。正如他所指出的,通过两个圆的相切点画一条直线,无论如何旋转它,都会将两个圆的面积二等分。如果这根直线还通过第3个圆的圆心,并且使得剩余的两个圆在这条

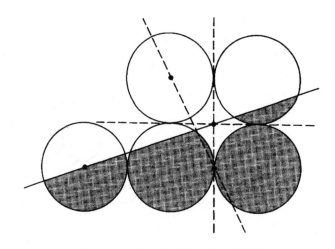

图2.9　一道二等分题目的改进解答

直线的两边,那么所有5个圆的总面积就会被平分。共有5根这样的直线,每根都通过其中一个圆的圆心。插图中用虚线显示了其中一条。

我曾说过,我不知道用从一个顶角延伸出的若干直线将一个五边形三等分的任何简单方法。加拿大温哥华市的冯·迈恩费尔德(Carl F. Von Mayenfeldt)给出了图 2.10 中所示的三等分。假设这个正五边形的边长为 1。

在证明一对相互垂直的直线将任意图形的面积四等分以后，我提请大家注意：为一个边长为 3、4、5 的直角三角形构造这样一对直线是很困难的。冯·迈恩费尔德首先寄来了这个问题的解答，并证明了其唯一性。这种构造方法太过复杂，无法在此处给

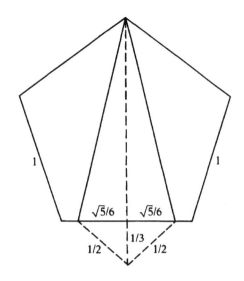

图 2.10　将一个五边形的面积三等分

出，后来温德斯切特尔（Windschitl）和菲普斯（Cecil G. Phipps）也寄来了同样的解法。

关于将任意形状（在可能的时候）切割成全等的两半，尽管没有读者找到解决所有此类题目的一种普适算法，不过还是有许多读者找到了一些操作程序，可应用于许多这样的题目。例如，这样的题目有时可以这样解答：将要分割的图形描摹在一张透明纸上，然后转动描摹得到的轮廓，使它与原图以各种各样的方式交叉。首先寄来此类建议的有波姆贝劳尔特（Abel Bomberault）、戴维斯（Robert W. Davis）、范尼厄普（James R. Fienup）、弗莱明（David Fleming）、施文克（Allen J. Schwenk）、斯莱特（Daniel Sleator）、韦谢伊（Laszlo M. Vesei）和维诺库尔（Marcel Vinokur）等。

泰勒（Don Taylor）提出，从那条不动点定理①得出一个很好玩的赌局，而我

① 不动点定理是荷兰数学家布劳威尔（L. E. J. Brouwer，1881—1966）提出的一条拓扑学重要定理。这条定理表明，在二维或更高维球面上，任意映到自身的一一连续映射，必定至少有一个点是不变的。——译者注

所给出的那些可能性证明也是基于那条定理的。你可以跟人打赌说,你可以画出一根恰好1英寸长的直线。你画出一根大约3英寸长的直线就赢了。因为这根线的长度从小于1英寸连续变化到大于1英寸,因此在这根直线上必定存在着一个点,从这个点到一个端点的长度恰好等于1英寸。

我们已经看到,平面上的两个图形如何总是能被一条直线二等分。斯坦豪斯在《数学掠影》(*Mathematical Snapshots*,第三版,牛津大学出版社,1969年,第145页)中断言,用一个放置恰当的圆,总是能将平面上任意3个图形的组合面积一分为二。书中没有给出任何证明,但是,在一个脚注中指明,读者可以参考斯坦豪斯发表在《基础数学》(*Fundamenta Mathermatica*,1945年第33卷,第245—263页)上的一篇论文。

自从本章最先出现在《科学美国人》上以来,各种数学杂志和流行杂志都先后刊登过将一个图形切割成 n 个全等部分的许多题目,这些杂志有《游戏》[*Games*,在美国由《花花公子》(*Playboy*)出版],还有两本阿根廷期刊《游戏》(*Juegos*)和《顶端》(*Cacumen*),等等。施普林格出版公司(Springer-Verlag)出版的1979年《数学日历》(*Mathematics Calendar*)中特载了一篇关于此类问题的专题文章,并用一页篇幅给出了九道极难的二等分谜题。

在图2.11中,我列出了这些二等分题目中的几道样题。画在那里的网格线只是为了使形状清晰,而不是用来暗示平分线必须局限于网格线上。戈洛姆发明的最后一个图形是最困难的。作为一个提示,我会说在这个例子中(其他一些例子中也是这样),二等分线确实是沿着网格线的。

图2.12中上方的那幅插图是英国杂志《尤里卡》(*Eureka*, Spring 1984)中的3道三等分题目之一。试说明如何将它切割成三块全等的多格拼板。下方的那两幅插图是四等分问题,来自印度的赫奇(Manjunath Hegde)。左图表明了如何简单地将一个图形分成4个全等的三角形。你要做的是用一种不同的方法来将它分成4个全等的部分,其中每个部分都包含4个点之一。赫奇的第二

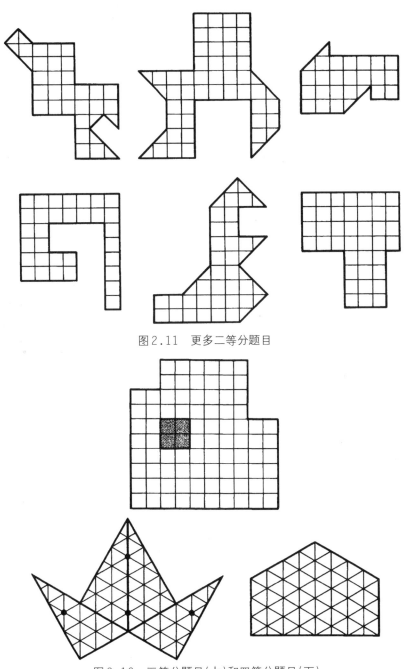

图2.11　更多二等分题目

图2.12　三等分题目(上)和四等分题目(下)

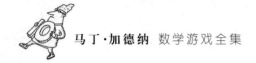

道谜题(右图)是要将这个图形分成4个全等的形状。在这3道题目中,都是沿着网格线进行分割的。假若我对这3道题以及前面的6道平分题目给出了答案,那就会减少你解题的乐趣了。

我在我收集的资料中发现了一张1983年1月21日的剪报。一份由美联社(Associated Press)自肯塔基州中心城发出的报道中称,一位法官发布的限制令,不准埃弗哈特(Virgil M. Everhart)把他的房子平分为两半。看来似乎是他妻子的离婚诉讼要求平分财产。埃弗哈特先生拿起钻子和锯子,开始将他的房子切割成两个相等的部分,他把这两个部分标为"他的"和"她的"。

答　案

图2.13明示了如何将图2.1中给出的那12种图形分成全等的两半。图2.14显示了如何将那12块五格拼板分割成4个相同的全等部分。3块空白的五格拼板不能被切割成任何形状的4个全等部分。

图2.15回答了本章末尾的4道题目。要将这9个正方形二等分,用图示的虚线画出第10个正方形。用直尺连接AB以得到C点,然后连接P点和C点。如果这些正方形的边长为1,那么CD就等于1/4,因而很容易看出,PC将原图形二等分。要将这5个圆二等分,按图示的虚线再画出3个圆。通过两个圆心的直线显然将整个面积分成两半。[这两道题目都摘自卢西(R. M. Lucey)的《一日一题》(*A Problem a Day, Penguin Books*, 1937)]

图2.13 二等分题目的答案

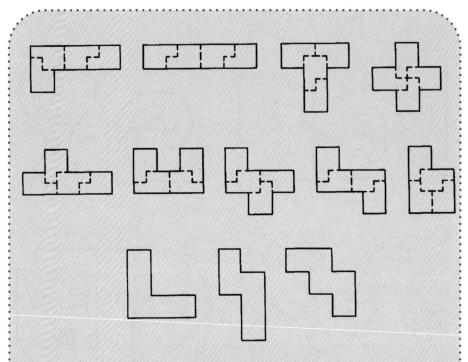

图2.14　将五格拼板分成4个全等的部分

通过 P 点把与两条边的中点 C 和 D 连接起来,就可以将最下方的那个六边形三等分。假设这些等边三角形的面积都是1。PAB 的面积为1,因此 PBE 的面积就是2,余下的也就可以得出了。用一条通过一个顶点的直线将一个正六边形三等分,我找不到任何与此简单程度相当的其他方法。

中间的两个六边形明示了莫泽(Leo Moser)是如何证明出:将一个等边三角形二等分的长度最短的曲线是一个圆的弧。无论这条二等分曲线的形状如何,假如将这个三角形如图中所示那样绕着一个顶点反射一周,结果总是会形成一条闭合曲线。这样的

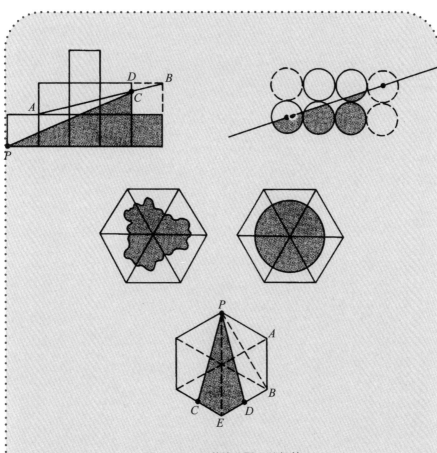

图2.15　四道等分题目的解答

一条曲线将这个六边形切成两半,并且它围成一个固定的面积。在包围某一给定面积的图形中,具有最小周长的是圆,因此在每个三角形内部长度最短的平分曲线就是一个圆的圆弧。[这个练习摘自特里格的《数学快题》(*Mathematical Quickies*, McGraw-Hill, 1967)]

第 3 章
陷阱门密码

几乎无法使人相信,要发明一种会令破译受困的秘密书写方法,并非一件易事。不过我们可以强有力地断言:人类的足智多谋足以破译由人类的心灵巧思编制出的任何密码。

——爱伦·坡[1]

---

① 爱伦·坡(Edgar Allan Poe, 1809—1849),美国诗人、小说家和文学评论家,以神秘故事和恐怖小说闻名,是美国短篇小说先锋之一。——译者注

邮资的向上攀升伴随着邮政服务的日益恶化，这种趋势可能会、也可能不会继续下去，但是，就大部分私人通信而言，这一切很可能在近几十年中都不会成什么问题。其中的理由很简单。信息的传输无疑会由于"电子邮件"的出现而变得比传统邮政系统快得多，也便宜得多。过不了多久，信息传输就应该有可能会这样实现：走到一部电话机那里，在一个附件中插入一条消息，然后拨一个号码。另一端的电话机就会立即打印出这条消息。

政府机构和大型企业想必会首先广泛使用电子邮件，紧随其后的是小型企业和个人。当这种情况开始发生时，拥有快速、有效的密码来保障信息不会受到电子窃听，就会变得越来越有好处。还有一个类似的问题，涉及保护储存在计算机记忆银行中的私人信息，使其免受黑客们通过数据处理网络窃取这些机密。

不足为奇，近几年来有许多数学家因此自问：是否有可能设计出这样一种密码，它能够用计算机进行快速编码和解码，在不改变密钥的情况下重复使用，并且任何尖端的密码破译法都无法将其破解？这个问题的回答是肯定的，这着实令人惊讶。突破性的进展发生至今几乎还不到两年，却有希望彻底变革整个秘密通信领域。事实上，它具有如此的革新性，以至于以前的所有密码，加上用于破解它们的那些技术，也许很快就会淡出人们的记忆。

挫败了爱伦·坡的一条密码

GE JEASGDXV,

ZIJ GL MW, LAAM, XZY ZMLWHFZEK
EJLVDXW KWKE TX LBR ATGH LBMX AANU
BAI VSMUKKSS PWN VLWK AGH GNUMK
WDLNZWEG JNBXVV OAEG ENWB ZWMGY
MO MLW WNBX MW AL PNFDCFPKH WZKEX
HSSF XKIYAHUL. MK NUM YEXDM WBXY
SBC HV WYX PHWKGNAMCUK?

1839年,爱伦·坡在他为费城的期刊《亚历山大每周信使》(*Alexander's Weekly Messenger*)撰写的一个定期专栏中,向读者们提出挑战,请大家给他寄送密文(单字母代替密码),并断言他会"立刻"把它们解答出来。有一位名叫库尔普的人投交了一份手写的密码文本。上方所示的这份文本刊载在1840年2月26日那一期上。爱伦·坡在下一期的专栏中"证明",这段密码是一个恶作剧——"一段随机符号构成的胡话,什么意义都没有。"

1975年,阿尔比恩学院的数学家温克尔(Brian J. Winkel)和温克尔的密码学班里的一名化学专业学生利斯特(Mark Lyster)破解了库尔普的密码。这并不是一种简单代替——爱伦·坡是对的——不过它也不是毫无意义的。爱伦·坡的观点并没有什么可责怪之处。除了库尔普所犯的一个主要差错之外，这段文字中还存在着15个次要差错，很可能是由于印刷工在阅读手写稿时犯下的错误。

温克尔是一份名为《密码术》(*Cuyptologia*)的新季刊的编辑，这份季刊可以从以下地址获取：Albion College, Albion, MI 49224。这份杂志强调的是密码学的数学和计算机方面。第一期(1977年1月)讲述了库尔普密码的故事，并且将其作为给读者们的一个挑战。迄今为止，只有3位读者破解了它。我会在答案部分中给出其解答。

一种无法破解的代码，可以是在理论上无法破解，也可能只是在实践中无法破解。爱伦·坡自负地认为自己是一位技术高超的密码专家，因此确信不可能发明出任何一种同样无法被"解开"的密码。他无疑是错了。即使是理论上无法被破解的密码也已经被使用了半个世纪。它们是"一次性密码本"，这些密码只用一次，只用于一条消息。以下是基于一种移位密码的一个简单例子，有时候也被称为恺撒密码，因为尤利乌斯·恺撒①曾经使用过它。

首先写出字母表，随后写出数字0到9。(出于编码的目的，0代表两个

———————————

① 尤利乌斯·恺撒(Julius Caesar，前100年—前44年)，罗马共和国末期的军事统帅、政治家。公元前49年，他率军占领罗马，并开始实行独裁统治。——译者注

A	B	C	D	E	F	G	H	I	J	K	L	M	N	O	P	Q	R
0	1	2	3	4	5	6	7	8	9	A	B	C	D	E	F	G	H

S	T	U	V	W	X	Y	Z	0	1	2	3	4	5	6	7	8	9
I	J	K	L	M	N	O	P	Q	R	S	T	U	V	W	X	Y	Z

图3.1 一种移动10个单位的恺撒密码

单词之间的一个空格,而其他的数字则指派为各种标点符号。)在这一行的下方写出同样的序列,但是循环地向右移动任意个单位,如图3.1中所示。我们的密码是这样构成的:对于明码文本(信息)中的每个符号,在上面一行中找到它,然后直接用其正下方的那个符号来取代它。这样得到的结果就是一个简单替代密码。这种密码任何一个外行都很容易破解它。

尽管移位密码非常简单,不过它还是可以成为真正牢不可破的代码的基础。其中的诀窍只不过是对明码文本中的每一个符号,都采用不同的移位密码,每一次都随机选择移位量。用图3.2中所示的转盘很容易做到这一点。假设明码文本中的第一个单词是THE。我们转动这个箭头,而它停在K处。这就告诉我们在编码T所使用的一种恺撒密码,在其中下面一行的字母表要向右移动10步,于是就如插图所示的那样将A移到了K的下方。因此,T就被编码为J。明码文本中的每个符号都遵循同样的步骤。在每个符号都被编码之前,都要转动这个箭头,下方的序列也相应移动。结果得到一个以J开头的密码文本和一个以K开头的加密"密钥"。请注意,这个密钥会和明码文本的长度一样。

假如要使用这种一次性密码来给某人——将他称为Z——发送一条消息,那么我们就必须先给Z发送这个密钥。可以通过一名可信的信使来做这件事。随后我们再给Z发送密码文本,或许可以通过无线电来实现。Z

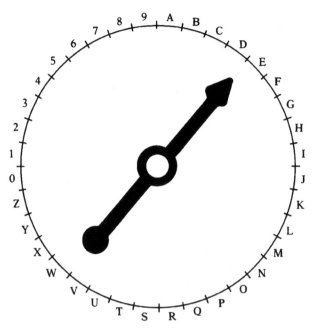

图3.2 为"一次性密码本"编码的随机发生器

用密钥来对它进行解码,然后销毁这一密钥。这条密钥不可再用,因为如果有两条这样的密码文本被拦截,那么密码破译者可能就有了足够的结构来破解它们。

很容易看出为什么这种一次性密码即使从原则上来说也是坚不可摧的。既然每个符号都可以用任何一个别的符号来表示,并且每种表示对象的选择都是完全随机的,于是也就不存在任何内部模式。换种方式来讲,任何信息,只要它与密码文本具有相同的长度,就与任何其他信息一样都可以合法地充当解码。即使对这样一条编码过的信息找到了它的明码文本,对于密码破译者今后也不会有任何帮助,因为下一次所使用的系统中,这个随机选择出的密钥会完全不同。

在两位高级军事指挥官之间,以及政府及其高级特工之间的特殊信息,如今时常采用一次性加密本。这种"本"只不过是一张长长的随机数清单,可能会印成许多页。发送者和接受者当然都必须有完全一样的复本。发送者将第一页用于一条密码,然后会销毁这一页。接收者用他的第一页来解码,然后销毁他的那一页。1957年,当俄罗斯特工阿贝尔(Rudolf Abel)在纽约被捕时,他身上有一本一次性密码本,形如一本约邮票大小的小册子。卡恩①在他的那本极为精彩的历史书《解码者》中讲述了这个故事,他说一次性密码本是苏联所使用的秘密无线电通信的标准手法。华盛顿和莫斯科之间那条著名的热线②也利用了一次性密码本,其密钥通过两个大使馆定期地传递。

假如一次性密码本提供了绝对的保密性,那么为什么不把它用于所有的秘密通信呢? 回答是它的实际操作性太差。每次要用它时,都必须事先传送一个密钥,而且这个密钥还必须至少与将要写出的信息一样长。卡恩写道:"虽然编制、登记、分发和取消这些密钥的问题,对于一个从未有过军事通讯经验的人来说,看起来也许都微不足道,但是在战争时期,通信量甚至会使整个通信机构瘫痪。几十万个单词也许要在一天之内被加密,单单是产生所需的数百万密钥字符,就会极其昂贵并且耗时。由于每条消息都必须有其独一无二的密钥,因此要应用这一完美的系统,就会要求向外用纸带运送出去的信息量最起码相当于一场战争的总通信量。"

如果我们将爱伦·坡的名言仅仅应用于那些在不改变密钥的情况下重

---

① 卡恩(David Kahn, 1930—),美国历史学家、记者和作家,写有大量关于密码学和军事情报的著作,《解码者》(The Codebreaker)是他出版的第一本书,被广泛认为是对密码学史的权威著作。——译者注

② 莫斯科—华盛顿热线,也称为"美苏热线",是连接五角大楼与克里姆林宫、使美国和俄罗斯最高领导人可以直接沟通的通信系统。热线最初使用电传打字机,1986年改进为传真设备。2008年后更新为通过电子邮件交互的加密计算机数据链。——译者注

复使用的密码,那么他的名言也就称得上是妙言隽语了。直到最近为止,所有此类的密码系统都确知是在理论上可以破解的,前提是解码者有足够的时间和足够的密码文本。即使是那样,在1975年,有人提出了一种新的密码,这种密码给了"不可破解"一种新定义,于是从根本上改变了这种状况。这种定义来自于计算机科学的一个分支——复杂性理论。这些新密码,从一次性密码的意义上而言,也并不是绝对不可破解的,但是在实际操作中,它们比以前设计的任何广泛使用的密码,从一种强烈的意义上来说,要更加牢不可破。从原则上来说,这些新的密码是可以被破解的,但是只能倚靠要运行数百万年的计算机程序来破译!

作出这一非凡突破的是三个人:迪菲(Whitfield Diffie)和赫尔曼(Martin E. Hellman)两人都是斯坦福大学的电气工程师,还有默克尔(Ralph Merkle)当时还是加州大学伯克利分校的一名大学生。他们的工作在1975年由美国国家科学基金会部分资助,并且发表在迪菲和赫尔曼1976年的论文《密码学新方向》中。迪菲和赫尔曼在文中说明了如何构造无法破解的密码,而且这些密码不需要预先发送一个密钥,甚至不需要隐瞒编码的方法。这些密码可以被高效地加密和解密,它们可以被一而再、再而三地使用,此外还有一个额外的好处:这个系统还提供一种"电子签名",与手写的签名不同,这种签名是无法伪造的。如果Z收到A发来的一条"签过名的"消息,那么这个签名就向Z表明,A确实发送过这条消息。不仅如此,窃听者是无法伪造A的签名的,甚至连Z自己也不行!

这些看起来似乎不可能发生的功效,通过迪菲和赫尔曼所谓的陷阱门单向函数而成为可能。这样一个函数具有下列特性:(1)它会将任意正整数x转换成唯一的正整数y;(2)它具有一个将y转换回x的反函数;(3)存在着计算正向函数及其反函数两者的高效算法;(4)假如只知道这个函数及其正向算法,那么要去发现此时的逆向算法从计算上来说是办不到的。

最后一条性质就是这个函数因之得名的奇异特性。它就像是一扇陷阱门:很容易掉进去,却很难通过它爬上来。事实上,要通过这扇门爬上来是不可能的,除非你知道那个秘密按钮藏在何处。这个按钮象征着"陷阱门信息"。没有它,你就无法从下方开启这扇门,但是这个按钮被如此仔细地隐藏起来了,以至于发现它的概率几乎为零。

在给出一个明确的例子之前,让我们先来看看此类函数如何使得这种新的密码系统成为可能。假设有一群商人,他们想要彼此秘密通信。每个人都设计出他自己的陷阱门函数,包括其正向算法和逆向算法。在一本公开发布的手册中,每个公司的编码(正向)算法都完整给出。解码(逆向)算法则保密。这本手册是公用的。任何人都可以查阅,并用它来向清单上的任意一家公司发送一条秘密消息。

假设你不是这个群体中的一员,但是你想要发送一条秘密消息给成员Z。首先,你利用手册中给出的一种标准程序,将你的明码文本变成一个很长的数。接下去,你查阅Z的正向算法,并且你的计算机用它来对密码文本进行快速编码。这个新的数被发送给Z。要是这段密码文本被窃听到或者遭到截获都完全无关紧要,因为只有Z知道他的秘密解码程序。就算有一位好奇的密码分析员研究过Z的公开编码算法,也完全没有办法能发现Z的解码算法。原则上来说,他是可能会发现的,但是在实际操作中,这会需要一台超级计算机以及几百万年的运行时间。

一个外人是不可能"签署"一条消息给Z的,但是这个群体中的任何一名成员都可以。这里就说说这个签名能奏效的聪明至极的方法。假设A想要签署一条消息给Z。他首先用他自己的秘密逆向算法将明码文本数编码。然后他将密码文本数第二次编码,这次采用的是Z的公开算法。在Z

接收到密码文本后,他首先应用他自己的秘密解码算法进行转换,然后他再应用A的公开解码算法。这条消息就出现了!

Z知道只有A可以发送这条双重编码的密码文本,因为其中使用了A的秘密算法。A的签名显然是无法伪造的。Z不能用它来发送一条假装来自A的消息,因为Z仍然不知道A的秘密解码算法。不仅如此,假如在未来的某个时间会有必要向第三方(比如说法庭上的一位法官)去证明,A事实上确实发送了这条消息,那么此时就可以用一种无论A、Z还是任何其他人都无法驳斥的方式去证明这一点。

迪菲和赫尔曼在他们的论文中提出了各种各样可用于此类系统的陷阱门函数。这些函数全都不尽人意,但是在1977年初出现了第二个突破。麻省理工学院①的计算机科学家莱维斯特(Ronald L. Rivest)、沙米尔(Adi Shamir)和阿德尔曼(Leonard Adleman)研发出一种优雅的方式——通过使用素数来实现迪菲–赫尔曼系统。

莱维斯特 1973 年从斯坦福大学获得他的计算机科学博士学位,现在是麻省理工学院的一位副教授。有一次,他灵机一动想出了一个绝妙的主意:利用素数来作为一种公共密码系统,于是他和两位同事几乎不费吹灰之力就找到了一种简单的实施方法。他们的工作受到美国国家科学基金会和美国海军研究办公室的拨款支持,其研究成果发表在论文《一种获取数字签名和公钥密码系统的方法》中。此简报由麻省理工学院计算机科学实验室发行,地址为:545 Technology Square, Cambridge, MA 02139。

为了解释莱维斯特的系统,我们需要一点关于素数理论的背景知识。要确定一个数是素数还是合数(即能分解为几个素数乘积的数),已知最快

---

① 麻省理工学院是位于美国马萨诸塞州剑桥市的一所私立研究型大学,成立于1861年。——译者注

的计算机程序都是基于费马[①]的一条著名定理:如果p是素数,而a是小于p的任意正数,那么$a^{p-1}=1$(模p)。假设我们想要检验一个很大的奇数n(除了2以外的一切素数无疑都是奇数)是不是素数。随机选择一个数a,并对它取$n-1$次幂,然后再除以n。如果余数不是1,那么n就不可能是素数。例如,$2^{21-1}=4$(模21),因此21就是一个合数。不过,2(随机选出的a)与21的两个素数因子3、7之间有什么联系呢? 看起来似乎什么联系都没有。从这个原因来说,费马式的检验对于寻找合数的素因子毫无用处。然而,它确实提供了一种快速的方法来证明一个数是合数。此外,如果对于一定数量的、随机选出的a,一个奇数都通过了费马式的检验,那么它就几乎肯定是一个素数。

我们这里不再更详细地去深入讨论检验素数的计算机算法了,只是指出这些算法的速度极快;也不再去详述将合数分解因数的计算机算法,只是指出这些算法的速度慢得令人恼火。对此,我满足于给出莱维斯特提供的以下几个事实。它们生动地表达了这两种检验所需要的计算时间之间大得惊人的差距。例如,要检验一个130位的奇数是不是素数,用一台PDP-10型计算机最多(也就是当这个数确实是素数时)只需要大约7分钟。对于2^{200}以后的第一个素数,同样的算法仅仅需要花费45秒。(这是一个61位数,它等于$2^{200}+235$。)

与此形成对照的是,如果将两个63位素数相乘得到一个125位数或者126位数,要求出它的这两个素数因子则困难重重。莱维斯特估计,如果使用现在已有的最好算法和现今最快的计算机,那么所需的运行时间大约会

[①] 费马(Pierre de Fermat,1601—1665),法国律师和业余数学家,他对数论和现代微积分的建立都有贡献。此处的费马定理又称费马小定理。——译者注

是 10^{24} 年![对于素数分解的各种计算机方法的讨论,请参见高德纳[1]《半数值算法》(*Seminumerical Algorithms*)第 4.5.4 节。]正是由于分解两个大素数的乘积在任何可以预见的未来,实际操作中不可能,才使得麻省理工学院的公钥密码系统成为可能。

为了解释这个系统如何运行,麻省理工学院的这几位作者修改了莎士比亚的《恺撒大帝》(*Julius Caesar*)第一幕第二场中的一句评语,以此作为明码文本的一个例子:ITS ALL GREEK TO ME[2]。

首先将它转换成一个单独的数,使用的是标准码: $A = 01, B = 02, \cdots, Z = 26, 00$ 则表示单词之间的空格。这个数是 0920190001121200071805051100201500 1305。

现在将整个数取某一固定幂次 s,并以某一合数 r 为模,以此对这个数进行编码。获得这个合数 r 的方法是,(利用麻省理工学院简报中的一个程序)随机选择两个素数 p 和 q,它们各自的长度都不少于 40 位,并把它们相乘。s 这个数必定与 p 和 $q-1$ 都互素。s 和 r 这两个数公开,从而可用于解码算法。即使 r 取一些巨大的值,起码运算也可以高效运行。事实上,它所需的计算机运算时间不超过 1 秒钟。

r 的这两个素数因子是保密的,从而在秘密的逆向算法中发挥作用。这种用来解码的逆向算法,主要是将密码文本数取另一个幂次 t,然后以 r 为模将它缩小。如前面一样,完成这一任务所需的计算机运算时间不会超过 1 秒钟。不过,只有知道 p 和 q 这两个保密的素数的人,才能计算出 t 这个数。

---

① 高德纳(Donald Knuth, 1938—),美国著名计算机科学家。他创造了算法分析领域,并发明了排版软件 TEX 和字体设计系统 Metafont。"高德纳"这个中文名字是他 1977 年访问中国前取的。——译者注

② 这句话的字面意思是"在我看来这都是希腊语",表示自己对此一窍不通。——译者注

如果这条消息太长,从而无法用一个单独的数来处理,那么就可以将它分裂成两块或者更多块,其中每一块都可以当作一个单独的数来对待。我不会再去叙述更多的细节了。这些内容有一点技术性,但是在麻省理工学院的简报中有清楚的解释。

为了对"ITS ALL GREEK TO ME"这句话进行编码,麻省理工学院的这个小组选择了 $s = 9007$ 和 $r = 1143816257578888676692357799761466120102182967212423625625618429357069352457338978305971235639587050589890751475992900268795435 41$。

r 这个数是 64 位素数 p 和 65 位素数 q 的乘积,而这两个素数各自都是随机选择的。编码算法将那个明码文本数(09201⋯)转化成以下密码文本数:$19993513149780510045231712274026064742320401705839146310370371740625971608948927504309920962672582675012893554461353823769748026$。

9686	9613	7546	2206
1477	1409	2225	4355
8829	0575	9991	1245
7431	9874	6951	2093
0816	2982	2514	5708
3569	3147	6622	8839
8962	8013	3919	9055
1829	9451	5781	5154

图 3.3　一个价值 100 美元的密码文本挑战

作为对《科学美国人》读者们的一项挑战,麻省理工学院的这个小组还对另一条消息进行了编码,其中采用了相同的公开算法。密码文本显示在图 3.3 中。它的明码文本是一句英文句子。首先通过上文所解释的那种标准方法将它转换成一个数,然后再用简报中给出的快捷方法对这整个数取它的 9007 次幂(模 r)。对第一个破译出这条消息的人,麻省理工学院小组会奖励 100 美元。

为了证明提供这项奖励的确实是麻省理工学院小组,他们还添加了以下这个签名:$1671786115038084424601527138916839824543690103235831121783503844692906265544879223711449050957860865566249657797484000405702037 3$。

这串签名是用编码算法的秘密逆向算法来进行编码的。由于读者没有自己的公开编码算法,因此第二次编码操作就省略了。任何一位有机会使用计算机查阅麻省理工学院简报的读者,都能通过应用麻省理工学院小组的公开加密算法很容易地读出这个签名。这个算法即是取上面这个数的9007次幂,然后以 r 为模将它缩小。这样得到的结果是0609181920001915122205180023091419001514050008211404180504000415121201 1819。(通过采用标准码)它的译文为"FIRST SOLVER WINS ONE HUNDRED DOLLARS"(即"第一位答对者赢得100美元")。这段签过名的密码文本只可能来自麻省理工学院小组,因为只有这个小组的成员们才知道产生它的逆向算法。

莱维斯特和他的合作者们并没有给出证据说明,在未来的某个时候不会有人发现一种快速算法,用于分解像他们所使用的 r 那么大的合数,或者会采用他们所没有想到过的某种其他方案来破解密码。他们认为这两种可能性都遥不可及。当然,任何密码系统如果无法在一次性密码本那样的绝对意义上被证明是牢不可破的,那么它就有可能遭到现代密码专家们的精准攻击,因为这些密码专家都是训练有素的数学家,在近旁还有强大的计算机可供使用。如果麻省理工学院的密码经受住这样的攻击,那么看来几乎可以确定的是,爱伦·坡的那句宣言在任何形式上都难以得以捍卫。

即使是在麻省理工学院的这一系统不大可能被破解的情况下,却还可能存在着各种各样其他的陷阱门函数,它们可以提供实际上牢不可破的密码。迪菲和赫尔曼正在为一些密码装置申请专利,这些装置是基于他们尚未公开的那些陷阱门函数。计算机和复杂性理论正在将密码学推向一个令人激动的阶段,这个阶段或许还带着一丝悲伤。在全世界各地,有聪明的男男女女,其中不乏天才人物,他们都投身于掌握现代密码分析学。自从第二次世界大战以来,即使没有采用一次性密码本的那些政府和军事密码也变得如此难以破解,以至于这些专家的才能已变得越来越没有用武之地。现在,这些人正站在即将弹开的陷阱门上,他们可能会坠落下去而完全从视野中消失。

答 案

爱伦·坡无法破解的那段密码,尽管在印出的版本中存在着许多差错,不过还是有十几位读者可以将它破解,其中包括16岁的安德烈斯(James H. Adres)。明码文本如下[①]:

MR. ALEXANDER,

HOW IS IT, THAT, THE MESSENGER ARRIVES HERE AT THE SAME TIME WITH THE SATURDAY COURIER AND OTHER SATURDAY PAPERS WHEN ACCORDING TO THE DATE IT IS PUBLISHED THREE DAYS PREVIOUS. IS THE FAULT WITH YOU OR THE POSTMASTERS?

这段密码是一种采用12个字母的多字母替代密码,其密钥是单词"United States"(美国)。每个字母都表示一个恺撒密码的移位程度。因此明码文本中第一个字母M的字母表密钥是A=U,B=V,C=W,以此类推。对于明码文本中的第二个字母R,密钥是A=N,

---

① 这段话的意思是:

亲爱的亚历山大:

星期六的邮差送来了《每周信使报》,也同时送来了其他星期六的报纸,而根据日期,前者应是三天前出版的,怎么会这样呢。这是你的错还是邮政局的错? ——译者注

B=O,C=P,以此类推。

在印出的这段密码中存在16处差错:首先,密钥第三个字母给的是J而不是I;其次,消息中的第五个字母被遗漏。如果没有犯下第二个错误的话,爱伦·坡也许本来会猜测出开头应是"Mr. Alexander",那么接下就会简单地引出解答。

至于那段100美元挑战的密码,还没有被任何人破解。1988年,莱维斯特告诉我,他已经不再保留这条消息,也不再保留他所使用的那些素数的记录了。不过,既然我给出了公共密钥,那么如果他收到一个解答的话,他将能够核实其正确性。

第 4 章
陷阱门密码之二

9686	9613	7546	2206
1477	1409	2225	4355
8829	0575	9991	1245
7431	9874	6951	2093
0816	2982	2514	5708
3569	3147	6622	8839
8962	8013	3919	9055
1829	9451	5781	5154

当我为 1977 年 8 月那期《科学美国人》的专栏写下前面一章时，我当然不曾预料到它会激起一股悍然大波。正如我报道过的，莱维斯特允诺，任何人只要寄给麻省理工学院一个贴有邮票、写有自己地址的信封，他就会回寄一份麻省理工学院的简报，其中载有后来很快被称为RSA密码（根据三位数学家的姓氏首字母命名）系统的细节。这项提议刺激了美国国家安全局（National Security Agency，缩写为NSA）一位怒气冲冲的雇员迈耶（Joseph Meyer），他向一次即将召开的密码学研讨会的组织者匆忙发信，警告他们说，公开披露陷阱门系统违反了国家安全法规。

索求陷阱门密码简报的信件如洪水般涌来，麻省理工学院收到来自全世界各地大约7000份请求。只是迈耶的来信给这些信件画上了句号。几乎过了一年，麻省理工学院的律师们才断定这份简报没有违反任何法律，从而允许恢复索要。自那时以来占上风的情况是，在美国国家安全局和公钥研究者们之间有了并不安宁的休战。至今虽然还没有任何完全的审查制度，也没有任何人进过监狱，不过数学家们提出了许多自愿的审查制度。美国国家安全局内部的高层次研究仍然保持高度机密，例如像我这样的局外人是不可能知道国家安全局所知道的事情的。人们常常说，NSA这个首字母缩写表示的是"Never Say Anything"（永远什么都不说）或者"No Such

Agency"(没有这样的机构),后者反映了国家安全局为了避免公众注意所做的努力。

我们不难理解为何国家安全局会变得如此紧张不安。将那些看起来似乎能防破译的密码公布于众,显然会使得其他国家采用一些美国国家安全局不能破解的密码,而且一旦美国拥有发表破解此类密码的技术的自由,那么任何正在使用可破解密码的国家就会立即停止使用它。此外,正如我暗示过的,如果那些真正牢不可破的代码在全世界范围内变得很常见,那基本上就会让国家安全局关门歇业了①。

多年来美国的银行和公司通过一款叫做数据加密标准(DES)的系统来保护它们的通信,这个系统由IBM发明并通过美国国家标准局实用化。DES是一个"对称的"系统,意味着其加密和解密的加程相同,而不是一个"非对称的"陷阱门系统。尽管如此,如果它的密钥用一个位数很多的数字,它还是极难破解的。有证明表明NSA说服了IBM将其密钥长度降到56位,以便当外国政府选择采用DES时,NSA可以破解它们的密码。尽管DES仍在被使用,但贝尔电话因安全原因拒绝了它,它正在遭受猛烈抨击,特别是迪菲和赫尔曼,他们认为它太弱小了,无法存活多年。

RSA系统的最主要竞争对手是所谓的一些背包系统。背包问题是一个组合研究的大家族,其中包括在一组数的集合中找到一个子集合,而这个子集合会在服从各种各样的约束下,"恰好装入"一个假设的"背包"。最简单的例子是被称为子集和的问题,就是要从整数的一个集合中选出一个子集,而子集中的数相加等于一个规定的值。子集和问题在劳埃德②和杜德

---

① 国家安全局渴求安全保障,而数学界则渴求公开性,关于两者之间争辩的利弊,可以在戴维·卡恩1983的《卡恩论密码》(Kahn on Codes)一书的第198—203页找到一段很好的讨论。——原注

② 劳埃德(Sam Loyd,1841—1911),美国智力游戏设计师,趣味数学家。——译者注

尼①的谜题书籍中都很常见,其形式常常是一个靶子,上面的同心环都被指定了不同的数字。这时要求的是要确定可以通过向靶子开多少枪,使得所表示的数相加后恰好等于一个给定的和。当数的集合较小时,此类谜题通常用试错法不难解答,但是当集合增大时,它们就变得困难重重了。

如果可以证明用任何计算机算法都无法在"多项式时间②"内解决一个组合问题,那么就称这个问题是"困难的"。这起因于这样一个事实:随着问题中的某个参数增大,解决这道题目所需要的时间按照指数式增长,或者说是以"非多项式"性质的速率增长。对此类问题的研究属于数学和计算机科学的一个新分支,名为"复杂性理论"。这方面已经有了大量的研究工作,还有一类特殊问题还在继续,这类问题被称为NP完备的(NP表示"nonde-terministic-polynomial",即"非确定性多项式")。现在有数百道这样的题目,全都被认为是困难的(尽管尚未找到任何证明),并且全都以这样一种方式相互联系:如果找到一种算法能在多项式时间内解决其中之一,那么这种算法就会立即解决所有的这些问题。子集和问题就是NP完备的。

默克尔是第一个将子集和作为背包系统基础的人,并且在短时间内,这种方法比RSA更可取,因为它的编码和解码都比较快。然后在1982年,麻省理工学院团队中的以色列成员沙米尔找到了一种算法,能在多项式时间内解决"几乎所有"背包系统。在此之前,默克尔曾出价100美元悬赏任何能破解他的系统的人,沙米尔领取了这笔奖金。此后默克尔又将他的系统的复杂性提升到了一个他所谓的"多重迭代"版本,并出价1000美元奖赏能破解它的人。桑迪亚实验室的布里克尔(Ernest Brickell)在1984年赢取了这第

---

① 杜德尼(Henry Ernest Dudeney,1857—1930),英国作家、数学家,精于逻辑谜题和数学游戏。——译者注

② 多项式时间是指在计算复杂度理论中,一个问题的计算时间$m(n)$不大于问题大小n的多项式倍数。如果某个问题具有多项式时间算法,则称该问题为多项式时间可解。——译者注

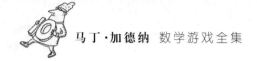

二笔奖金。然而,子集和问题仍然是NP完备的,并且基于它的或者基于其他那些背包问题的新密码系统有可能会经受住各种新算法的猛烈攻击。莱维斯特和楚(B. Chor)提出了一种基于大素数算法的背包系统,至今还未被桑迪亚实验室的技术攻破。据报道称,国家安全局早在默克尔之前约十年就想到了背包密码,但是为了坚持其"永远什么都不说"的政策,因而也就三缄其口了。

大数的因数分解不属于NP完备的家族,但也被认为是困难的,并且迄今为止还没有任何人发现一种方法能在多项式时间内分解大数。不过,此类技术一直在随着检验大数素数性的那些手段而稳步提高。在"近多项式时间"内检验素数性的那些快速程序是在1980年代发现的。1982年,桑迪亚实验室的一个团队在西蒙斯(Gustavus Simmons)的领导下,成功地分解了梅森数[1] $2^{521}-1$,这是一个157位的整数。克雷超级计算机花费32小时找到了这个数的3个素数因子。直至做出这一突破之前,数学家们一直估计一台克雷计算机会需要数百万年的时间来分解一个多于100位的数。

鉴于这些分解因数的新技术,谁也不能排除这样一种可能性:有一种多项式时间的算法会把RSA系统拉下马。当RSA系统首次发布时,推荐用于 p 和 q 这两个素数的是80位数字。如今推荐的是这两个素数各自至少取100位数字。它们最好几乎具有同样长度,最好 p 加减1和 q 加减1后各自都应该至少有一个大素数因子,并且最好 $p-1$ 和 $q-1$ 的最大公约数相当小。到目前为止,RSA系统仍然是安全的。用于快速编码和快速解码的计算机芯片可以从RSA数据安全公司(RSA Data Security, Inc.)购得,公司地址是10

---

[1] 梅森数是具有 2^n-1 形式的正整数,其中的指数 n 是素数,如果某个梅森数本身也是素数,则称为梅森素数。法国数学家梅森(Marin Mersenne, 1588—1648)对 $M_n=2^n-1$ 型数做过较系统的研究,故将此类数称为梅森数。——译者注

Twin Dolphin Drive, Redwood City, CA 94065。

从陷阱门密码背后的那些基本理念,结果产生了各种各样令人着迷的副产品。斯坦福大学的一位计算机科学家弗洛伊德(Robert Floyd)立即想到,通过(纸质或电子)邮件交流的两人可利用此类系统,以一些可以防止欺骗行为的方式作出随机选择。例如,通过电话联系的两个人可以对随机投掷一枚硬币或骰子的结果取得一致意见。1978年,弗洛伊德给我写了一封信,其中概述了两个人可以如何通过邮件或电话来玩双陆棋①。得到弗洛伊德的提示,莱维斯特、沙马尔和阿德尔曼写了一篇论述"思维扑克"的论文,他们在文中解释了两位互不信任的棋手如何能够通过电话,在不用任何一张纸牌的情况下实际上玩一场公平的扑克牌游戏②。

另一个副产品是开发了一种精巧的系统,用于确保科学数据通过电子网络传输的安全性。例如,请考虑由登陆在火星上的那些仪器所进行的研究。研究者们需要确信,当他们连接到这些仪器时,这些仪器没有被连接到某个别的数据源,也没有其他人能够改变这些传输中的数据或者能够改变他们发送给这些仪器的指令。简而言之,他们需要确信网络的真实性、完整性和保密性③。

---

① 双陆棋是一种供两人对弈的棋盘游戏,双方各执15枚棋子,棋子的移动以掷骰子的点数决定,首先将所有棋子移离棋盘者获胜。——译者注

② "思维扑克"最初于1979年作为麻省理工学院计算机科学实验室的一份技术报告发表。克莱默(David Klarner)主编的《数学加德纳》(*The Mathematical Gardner*, Prindle, Weber, and Schmidt, 1981)转载了此文。关于掷硬币,请参见布卢姆(Manuel Blum)的《通过电话掷硬币》(*SIGACT News*, 15, 1983, pp. 23—27.)。——原注

③ 关于这个"电信科学"领域中近期的发展,有一篇很好的总结性文章:彼得·丹宁(Peter Denning)的《数据网络的安全性》(*American Scientist*, 75, January/Februay 1987, pp. 12—14)。更详细的信息可参见多萝西·丹宁(Dorothy Denning)的《密码学与数据安全》(*Cryptography and Data Security*, Addison-Wesley, 1982)一书。——原注

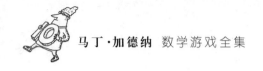

最令人震惊的、几乎是难以置信的副产品，是所谓的"零知识证明"的开发。假设一位数学家发现了某条定理的一种证明。他想要说服他的同事们相信，他确实得到了这种证明，但又不想透露证明本身。1986年，有人证明用NP完备问题的一些特例可以做到这一点。例如，考虑要找到一个哈密顿回路这样一项NP完备任务，哈密顿回路是指这样一条路径：它通过一张图上的所有点，每点仅一次，然后回到起点。假设给定一张有许多点的图，对此我们并不知道它是否具有一条哈密顿回路。有一位数学家希望使他的同事们确信，他已发现了这样一条回路，但是他又不想揭示他一笔画出的这条实际回路。虽然这一点很难领会，不过如今有一些技术，可以让他做到这一点。

1986年，加州大学伯克利分校的一位计算机专家布卢姆（Manuel Blum）发现了一种方法，可将零知识证明应用于任何一道数学题目！这个程序本质上来说由一段对话构成，对话的一方是"证明者"，另一方是想要确信这种证明真的存在的"检验者"。检验者提出一系列随机的问题，每个问题都要以是或者否来回答。在第一个问题之后，检验者确信证明者有1/2的概率是错的。在第二个问题之后，他确信证明者有1/4的概率是错的。在第三个问题之后，这一概率下降到1/8，依此类推，这个过程中分母翻倍增长。在比如问了100个问题之后，证明者说谎（或者说他没有证明）的概率变得如此接近于零，以至于检验者会毫不质疑地信服了。在问了300个问题之后，分母是2^{300}，这个数比宇宙中的原子数还要大。虽然永远没有绝对的确定性说明这种证明是存在的，但是它又如此接近于确定无疑，以至于一切质疑都消失殆尽了。

数学家们想在任何其他人宣布一项发现并发表其细节之前，先行宣布这项发现，除了满足这些数学家的自尊以外，零知识证明还具有其他什么实际应用吗?它们确实是有的。现在在以色列韦茨曼研究所的沙米尔通过创建无法伪造的身份证,找到了应用这些零知识方法的一种途径。设想有这样一张卡片,其中有一个计算机芯片,它可以与一台用于检验这张身份证的仪器中的一个计算机芯片进行快速对话。在几秒钟的时间内,提问和回答的随机问题数量已经足以使检验者"毫不质疑"地信服了,尽管这种检验过程并不能够绝对确定。虽然有一些方法,例如利用概率技术,去证明大数几乎肯定是素数,而且这已延续数十年了,但是找到验证身份证的类似方法,仍然令人大吃一惊。

无论是民用方面还是军用方面,无法伪造的身份证都有着巨大的意义,因此当沙米尔申请美国专利时,美国陆军命令,与此类证件相关的所有文件和资料都必须被销毁。这就引发了来自数学界的一场抗议风暴,因此政府很快撤回了这道命令,给出的理由是不能对一位非美国公民的数学家施加这样的限制。谁也不知道美国国家安全局在这次审查的努力中是否起到了什么作用。关于这场慌乱的精彩描述,请参见《纽约时报》1987年的文章。

发现新的公钥密码和破解它们的新方法,以及它们在网络安全和识别鉴定技术中的应用,这些都正在如此快速地发生着,到你阅读本章的时候,其中有许多也许已经过时了。密码科学正在经历一场奇异的革命,任谁也无法完全预测它会通往何处。让我用《罗曼诺夫与朱丽叶》(*Romanoff and Juliet*)中的某段古怪离奇的对话来作为结尾吧,这是乌斯季诺夫(Peter Ustinov)的一出戏剧,1957年在纽约市首次上演。

这一场景发生在第二幕结束时。将军(由乌斯季诺夫扮演)任总统的地方,只设定为欧洲最小的国家。莫尔斯沃思(Hooper Molesworth)是驻该国的美国大使。罗曼诺夫(Vadim Romanoff)是俄国大使。莫尔斯沃思的女儿朱丽

叶和罗曼诺夫的儿子伊戈尔(Igor)是一对情侣。

在美国大使馆中,将军对莫尔斯沃思说:

"顺便说一下,他们(俄国人)知道你的密码。"

莫尔斯沃思答道:"我们知道他们知道我们的密码,是我们给他们的,只是我们想让他们知道的事情。"

将军转到俄国大使馆,向罗曼诺夫谈起:

"顺便说一下,他们(美国人)知道你知道他们的密码。"

罗曼诺夫说:"这丝毫不让我吃惊。我们知道他们知道我们知道他们的密码已经有一段时间了。我们采取了相应的行动——假装上当。"

将军回到美国大使馆,对莫尔斯沃思说:

"顺便说一下,你知道——他们知道你知道他们知道你知道……"

莫尔斯沃思现在真正大惊失色了。

"什么?你确定吗?"

"我绝对有把握。"

"谢谢你——谢谢你!我不会忘记此事的。"

将军大吃一惊。

"你的意思是你原来不知道?"

"不知道!"

在1957年,像这样的一段对话至少是可信的。今天这还有可能发生吗?也许国家安全局知道。

第 5 章
双 曲 线

卡罗尔①曾经在《一个粒子的动力学》(*The Dynamics of a Parti-cle*)中写道:"数学家对于双曲线到底在深思些什么? 在这里、那里画交叉线糟蹋了这根不幸的曲线,从而想努力证明其某种性质,而这种性质终究只是一些不实之词。又是谁最终不曾想象过这样的情景:这条遭到滥用的轨迹正在向外伸展它的渐近线,当作一种无声的叱责,或是正带着轻蔑的怜悯向他闪动着一个焦点?"

将一个大球体,比方说是一个篮球,放在一间黑暗的屋子里的一张浅色桌面上。用一个手电筒如图 5.1 的 A 所示,直接向下照射在这个球上。这个球的阴影当然就是一个圆。该圆的圆心是球与桌面接触的那一点。

如图 5.1 的 B 所示,将这个手电筒向东移动。阴影拉长成一个椭圆。圆的圆心现在分成了两个点,它们是这个椭圆的两个焦点。这个球静止在靠近光源的那个焦点上。当你继续向东移动光源时,另一个焦点向西移动,从而使该椭圆的离心率随之增大。

将光源降低,直至它与球的顶端平齐(C)。球仍然静止在东边的焦点

---

① 卡罗尔(Lewis Carroll, 1832—1898),英国作家、数学家、逻辑学家、摄影家道奇森(Charles Lutwidge Dodgson)的笔名,他最著名的的作品是儿童文学《爱丽丝漫游奇境记》(*Alice's Adventures in Wonderland*)及其续集《爱丽丝镜中奇遇》(*Through the Looking-Glass*)。——译者注

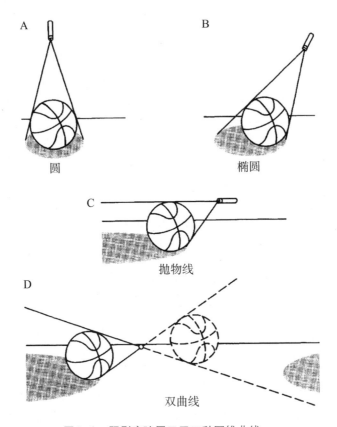

图5.1 阴影实验展示了四种圆锥曲线

上,不过现在西边那个焦点已经移动到无穷远处。此时阴影的轮廓是一条抛物线。

继续移动光源,直至它低于球的顶端(D)。阴影的曲线变成了一条双曲线。这个球仍然在双曲线焦点处与桌面接触,不过对于那个消失的焦点,已发生了一些可喜之事。

想象在这四张图片中都存在着一个对应的球,它与桌上那个球完全相同,但是放置在光源另一边相同距离处。这个对等球在最后一张图片(D)中用虚线表示。请注意,它投下的阴影锥线与桌子上那个球产生的锥线完全一样,但是转向另一边。这两条锥线的顶点在光源处相遇。

在前3张图片中,对等球的阴影落在桌面平面的上方。不过,当光源移动到球顶端的下方时,对应的阴影也落在这个平面上,形成一条对等的曲线,这条曲线是球下方那条双曲线的东分支。那个消失的焦点可以说是绕过无穷远而又从另一边回来了!既然无穷的两个端点合一为同一个点,那么它们就可以比作是一个被切开并向外打开成一条直线的环的两端。这个无穷的、非残缺不全的环是沃恩①的著名对句"几天前的晚上我看见了永恒/像纯粹的、无穷无尽的光形成的一个巨大的环"背后的几何隐喻。

在最后一张图片中,想象那个对等球向远离光源的方向移动,但同时又不断膨胀,因此它总是接触到对等椎体的各边。当这个对等球大到足以接触桌面时,它就会停靠在该双曲线的对等分支的焦点上。这两个大小不相等的球嵌套在两个椎体中,并在双曲线的焦点处与截平面相接触,这就提供了一种古老的、优雅的证明:这两条曲线确实是一条双曲线的两支。这种证明在希尔伯特(David Hilbert)和科恩–福森(S. Cohn-Vossen)的《几何与想象》(*Geometry and the Imagination*)②一书中第8页和第9页进行了清晰的解释。如果把这两个球都置于同一椎体中,则相似的证明可证出:此时得出的一条曲线是一个椭圆(参见我的《椭圆与四色定理》一书,第6章)。

以上我所描述这种阴影实验是将这4种曲线以圆锥曲线的方法展示出来。桌面所在的平面即截取圆锥的平面。显而易见,圆是椭圆的一种极限情况。抛物线既是椭圆又是双曲线的一个极限。同圆一样,抛物线只有一种形状,尽管这种形状可以被放大,也可以被缩小。不过,椭圆和双曲线两

---

① 沃恩(Henry Vaughan,1621—1695),威尔士作家和诗人。——译者注

② 此书中译本由高等教育出版社翻译出版,译者王联芳,中译本书名为《直观几何》。——译者注

者都有不同形状的无限多个家族。

天文学家们常常觉得很难确定一颗彗星或流星的运行轨迹是椭圆、抛物线还是双曲线。我们很容易明白这是为什么。将抛物线以一种方式稍微变化一下,它就变成一个椭圆。将它以另一种方式稍微变化一下,它就变成一条双曲线。绕着太阳作长期不变的固定轨道运行的彗星是在椭圆上运动的。进入内太阳系然后离开、一去不复返的那些天体,它们是按双曲线或抛物线运动的。

既然双曲线是一种被无穷劈成两半的椭圆,那么这两种曲线以许多相反的方式彼此联系也就不足为奇了。椭圆是所有到两个固定点的距离之和为常数的点的轨迹。这两个固定点被称为这条曲线的焦点。这是一种画椭圆的古老方法的基础:用一支铅笔和一个细绳圈绕着两根钉子来画。

双曲线是所有到两个固定点的距离之差为常数的点的轨迹。图5.2中显示了用来画双曲线一支的一个细绳装置。P点的那支铅笔保持细绳拉紧,并且在细杆绕着它在焦点A处的固定端转动时压住它。细绳两端固定

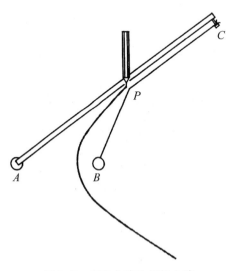

图5.2　画双曲线的细绳方法

在焦点 *B* 和细杆的自由端 *C*。*BP+PC* 是恒定不变的,因此 *AP–BP* 也必定是恒定不变的。因为 *AP* 和 *BP* 分别是 *P* 到两个焦点的距离,那么我们就证明了这条曲线必定是一条双曲线。

椭圆和双曲线也很容易通过折纸的方法作出,这就突出了这两条曲线之间的逆向亲缘关系。在一张像蜡纸或描图纸那样的半透明纸上画一个圆。在这个圆内部的任何不是圆心的地方标上一个点。用各种各样的方式来折叠这张纸,每次都将这个点折到这个圆的圆周上。每条折叠线都与一个椭圆相切。在折叠了足够多的次数以后,这个椭圆就会作为这些切线的"包络"而成形。这个标注的点与这个圆的圆心就是得到的椭圆的两个焦点。要折叠出一条双曲线,也遵循同样的程序,但标注的点不是在圆内,而是在圆外的任何地方。双曲线的两个分支都出现在图 5.3 中。同样,标

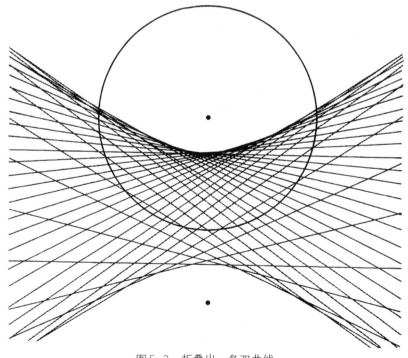

图5.3　折叠出一条双曲线

注的点与最初的那个圆的圆心就是这条曲线的两个焦点。

如果在圆的圆周上标注一个点,是否会得出一条抛物线呢?很不幸,答案是否定的。你可以将这种反常的现象归咎于抛物线缺失的那个焦点。每条折叠线都通过这个圆的圆心,因此就与一个退化的椭圆相切,这个椭圆的长度等于圆的半径,而它的宽度是零。为了得到一条抛物线,我们需要一个扩张至无穷大从而圆周变成一条直线的圆。用直尺在纸上画一条直线,并且在线外选定一个点。现在采用同样的折叠技巧,就会产生出一条华丽的抛物线。那个缺失的焦点就是这个无穷大圆的"圆心"。

在这四种圆锥曲线中,双曲线在日常生活中被观测到的场合最少。圆和椭圆无处不在。每当我们用软管来浇灌一片草地时,或者当我们注视一个棒球飞过时,我们就看到了抛物线[1]。我们看见一条完整双曲线的次数寥寥无几,其中之一是当一盏带有两端开口的圆柱形或圆锥形灯罩的台灯将阴影投射到附近墙上时。我们的祖先将一根在带有圆形底座的烛台上燃烧的蜡烛靠近墙壁时,他们在此墙上曾看见过双曲线的一支。

科学家们和数学家们经常在各种二次方程的图线中意识到双曲线。即使是最简单的等式 $ab=c$(其中 c 是一个常数),其图形也是一条双曲线。这是表示数百条物理学定律的等式(举两个例子来说,如玻意耳定律和欧姆定律,也是许多经济学函数的等式。有一个展示 $ab=c$ 的简单实验可以用两块矩形玻璃薄板来做。将它们的一对边靠在一起,相对的两条边则用一条短小的卡纸或两根火柴分开一段微小距离。用几根橡皮筋就可以使这两块玻璃板维持在这个位置不动。将这套装置竖立在染过色的水中。毛

---

[1] 我说抛体所给出的路径是抛物线,有许多读者确当地批评了我的这一说法。他们是正确的,抛体的路径非常接近于抛物线,但是严格说来(并且忽略空气阻力),一个抛体是沿着一条绕着地球引力中心的椭圆形轨道运动的。——原注

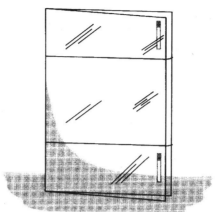

图5.4 由毛细现象产生的双曲线

细作用会产生出图5.4中所示的双曲线。

图5.5中显示了一条典型的双曲线。其中的两条灰色的直线是这条曲线的渐近线,或者说就是当这条曲线的各支向外伸展时,它们无法达到的极限。如果这两条渐近线相互垂直(此处并非如此),那么这条双曲线就被称为等角双曲线或者直角双曲线。

一条抛物线的两臂很快就变得几乎与平行线无异。与此相反,一条双曲线的两臂在趋向无穷时很快拉开,尽管它们永远被限制在它们的两根渐近线所形成的角度中。正是这种优美的性质激发了许多诗意上的和神学上的隐喻。西班牙哲学家乌纳穆诺(Miguel de Unamuno)将双曲线称为悲剧曲线。乌纳穆诺写道:"我相信,如果几何学家意识到双曲线企图与它的两条渐近线合并在一起的那种绝望无助的、不顾一切的挣扎,那么他就会将双曲线作为一种生物,并且是一种悲剧性的生物呈现给我们!"

不过,爱迪生①在他的随笔《灵魂不朽》中,却带着乐观的态度去看待这

---

① 爱迪生(Joseph Addison,1672—1719),英国散文家、诗人剧作家和政治家,与他的好朋友斯蒂尔(Richard Steele,1672—1729)共同创办了两份著名的杂志《闲谈者》(*Tatler*)与《旁观者》(*Spectator*)。——译者注

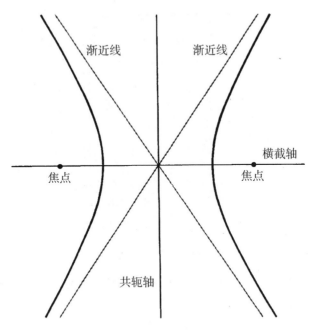

图5.5　一条典型的双曲线

种隐喻。死亡以后,灵魂永远在向着上帝靠拢,永远不会成为上帝。"我们还不知道我们会成为什么,体验那永远为上帝保留的天国之荣耀,也从不会进入人类的心灵。灵魂,与其造物主一起考虑,就像这些数学线条,可以画得离另一条越来越近,直至永远,却不存在触碰到它的可能性。"

双曲线在测距方面具有一种令人瞩目的应用。为了理解它是如何作用的,请考虑有一个人A,他用一杆步枪向远处的一面锣B射击。假设地面是平坦的,我们必须站在哪里,才能同时听到枪声和锣声?

设x为子弹从枪飞到锣所花费的时间段内,声音所传播的距离。A和B是无数双曲线的焦点。同时听到两种声响的人必须站在一条双曲线的一支上(离目标最近的那一支),即所有到A和B的距离之差为x的点的轨迹。

要定位一个发自远处的声音,可以通过两对监听站:A和B以及C和

D。在A和B处的监听者记录下他们听到声音的时刻。他们的钟校准为同步,因此他们就可以得到这两个时刻之间的精确时间差。将这个时间差称为x。此声音必定来自一条双曲线的一支(离声音最近的一支),即所有到A和B的距离之差为x的点的轨迹。将这条曲线画在一张地图上。在C和D处的监听者也做同样的事情,并且在同一张地图上画出另一条双曲线的一支。这两条曲线距离声源较近的那个交叉点,就给出了声音的"定位"。

像远距离导航①系统那样的双曲线导航系统是在第二次世界大战期间开发出来的,它按照一种相反的程序运作。在海岸上的某处,一对基站A和B——其中之一被称为主站,另一个则被称为从站——向外发送同步的无线电信号。另一对主站和从站C和D则从另一处海岸位置做同样的事情。海面上的一艘船或者一架飞机利用接收到来自这两对基站的信号的时间差,就能够画出两条双曲线,它们在地图上相交就确定了它的位置。

在一些反射式望远镜和特殊用途照相机中,以及在闪光灯和探照灯的光源后面,都能找到具有双曲线型截面的反光镜。如果一个光源位于椭圆形反光镜的一个焦点上,那么所有的反射光线都汇聚在另一个焦点处。如果光源位于一条抛物线的焦点上,那么反射光线都彼此平行,犹如它们在寻找那个丢失在无穷远处的焦点。一块双曲型反光镜会导致反射光线如图5.6中所示的那样发散。不过,如果我们将这些发散光线如图中的虚线所示反向延长,它们都热切地会聚到另一个焦点上。从某种意义上来说,它们已穿越了无穷远,然后就在它们的光源后方找到了那个消失的焦点。

有一个具有许多非凡特性的可爱双曲型表面,称为"单叶双曲面",是由阿基米德首先描述的。图5.7的中间用细绳显示了这种表面的一个模型。该表面的竖直截面都是双曲线,水平截面都是椭圆。如果水平截面都

① 远距离导航(long range navigation,缩写为loran),也译为洛兰、罗兰等。——译者注

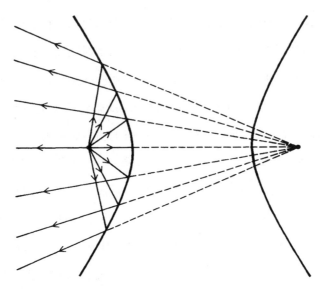

图5.6　来自双曲线一个焦点的反射光线找到另一个焦点

是圆,那么它就是"单叶旋转双曲面",其得名的原因是它是由一条双曲线
绕着其共轭轴旋转产生的。(如果有一条双曲线绕着其横截轴转动,那么它
就产生一个双叶旋转双曲面:一对分离有限距离的穹顶状结构。)

图5.7　圆柱形细绳模型(左)扭转形成双曲面(中)和双椎体(右)

1669年,设计圣保罗大教堂[1]的建筑师雷恩(Christopher Wren)报告了关于单叶双曲面的一项非凡发现。他证明了单叶双曲面就是数学家们现在所谓的直纹曲面,即由不可数的无穷多根笔直的直线构成的表面。

例如,一个圆柱体是由平行直线构成的直纹曲面。一个圆锥是相交于椎体尖端的直线构成的直纹曲面。双曲面是由截然不同的两族直线构成的直纹曲面。在图5.7的中间,你看到一组直线的一些成员都朝着一个方向倾斜,其中没有任何两根直线是相交的。另一族(图中没有显示)是一个镜像集合,全都向另一个方向倾斜。一个集合中的每根直线延长后都与另一个集合中的每根延长线相交。这个双曲面上的每个点,都有来自每一个集合中各一根直线通过。通过一个点的一对直线就界定了在该点与该曲面相切的平面。

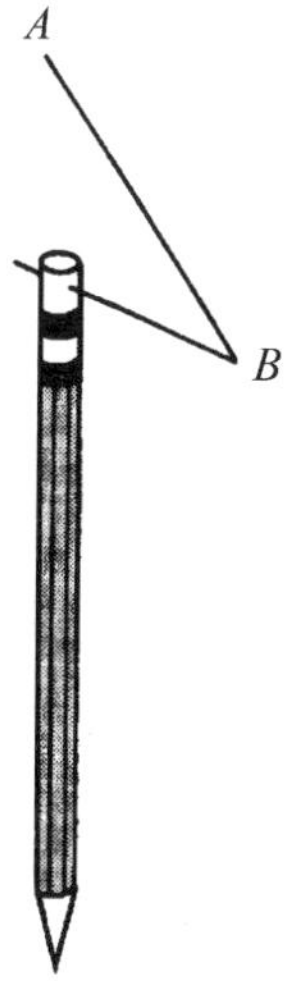

从这个细绳模型很容易看出,如果有一根直线与一根轴斜交,当这根直线绕轴旋转时,就产生了一个单叶双曲面。也就是说,包括这条线段的直线与轴不相交。(如果这根旋转的线段与轴平行,它就产生一个圆柱体;如果它的延长线与轴相交,它就产生一个圆锥的一部分。)这启发我们用一支铅笔和一个回形针来做一个简单的实验。拉开回形针形成一个锐角,然后把它的一头插入铅笔上的橡皮头,如图5.8所示。转动这根金属丝而使其斜向上部分AB与这支铅笔的竖直轴歪斜。将这支铅笔放在你的两个手掌之间,并通过来回快速搓动你的双手而使其旋转。如果灯光效果正确的话,这根旋转的倾斜

图5.8 如何旋转出一个双曲面

---

① 圣保罗大教堂位于英国伦敦,世界第五大教堂,最早建于604年,后经多次毁坏和重建。雷恩花费45年心血,在17世纪末完成了这座教堂的设计。——译者注

线就会形成一个透明的双曲面。

如果将一个立方体绕其一个顶角旋转,那么它的6根偏斜线段就会产生一个类似的表面。通过一些练习,你就可以用食指和拇指指尖捻住一粒骰子,并使它用一个顶角转。低下头从旁边观察这个旋转的立方体。你会看到其轮廓是两个圆锥之间的一个双曲面,如图5.9中所示。

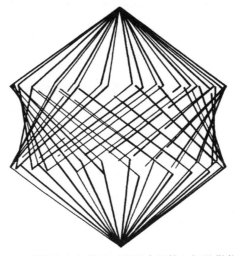

图5.9 通过旋转立方体得到的两个圆锥之间的抛物面

制作图5.7所示的细绳模型并非难事。只要沿着在两块硬纸板或胶合板圆盘边缘上均匀分布的孔之间将细绳穿来穿去即可。在这些孔上点上胶水,就可以保持这些绳索不发生滑动。当这两个圆盘被分开而将绳索拉伸为竖直时,正如在插图中左边所示的那样,它们就模拟出一个圆柱体。将其中一个圆盘顺时针扭转180度,这些细绳就模拟出右图所示的两个圆锥。在这两种极限之间,种种扭转就产生出一族无限多种双曲面,比如说插图中间所显示的那种,这是用向一个方向倾斜的笔直细绳绷出的。将这个圆盘逆时针旋转,你就可以浏览双曲面的镜像集合,这是用向另一个方向倾斜的笔直细绳绷出。

《几何与想象》第16、17页还描述了一种制作起来难得多的模型,它不是由细绳做成,而是用刚性细丝构筑的。在每个交叉点的一对细丝都用一个只允许转动而不允许滑动的万向接头相连。你可能会预计像这样的一种结构应该是刚性的。相反,它有一种奇异的柔韧性。如果将这个模型向一个方向压缩,那么其椭圆形横截面会退化为一根直线,而这些细棒折起来形成一个竖直平面,它们在这个平面上构成一条双曲线的包络。如果这个模型向另一个方向塌缩,那么这些细棒折下来形成一个水平平面,它们在这个平面上构成一个椭圆的包络。图5.10是按《几何与想象》中的一张照片画出的,其中明示了两个旋转双曲面能提供的一种装置,它能够在两个斜交轮轴之间进行一种啮合传输。每个装置的嵌齿就是两个生成直线集合之一。这只不过是双曲面用于机械联动装置的许多方式之一。

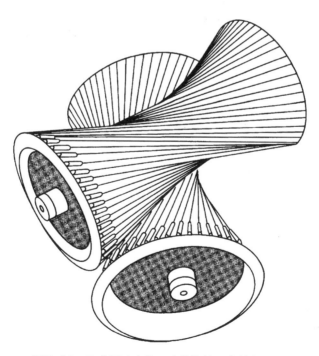

图 5.10　双曲面啮合将运动传输给一个斜交轮轴

图 5.11　密苏里州圣路易斯市的麦克唐奈天文馆

单叶旋转双曲面在建筑学上的一个惊人应用出现在密苏里州圣路易斯市森林公园的麦克唐奈天文馆（见图 5.11）。设计师小畑晓（Gyo Obata）选择这种表面的原因，是由于某些彗星所具有的双曲线路径使人联想到，正如他自己所说的"空间探索的戏剧性情景和激动兴奋"。请注意，当阳光倾斜照射天文馆时，圆形屋顶所投下的阴影直线。这条阴影直线是这个表面的生成直线之一，还是一条空间曲线，它只有从图中显示的角度看起来才是直的？

补　遗

贝塞尔（Pierre Bézier）从巴黎来信告诉我，单叶双曲面常常并用于建造发电站的冷却塔。由于混凝土侧面可以用一些直的钢条来加固（如前文所解释的那种模型中那样），因此这种结构坚固异常。霍尔文斯都（Clyde Holvenstot）告诉我，老式战舰上的指挥塔也常常是以同样地方式建造的。他寄给我一张来自《纽约时报书评》（1977 年 10 月 2 日）的照片，其中显示了联邦密歇根号战

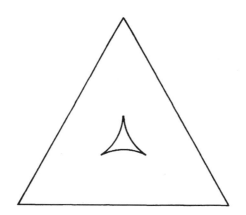

图5.12　三条双曲线形成各二等分直线的包络

舰在被海军废弃前,舰上的两个这样的双曲面塔。

　　鲍尔(Derek Ball)在1980年的一篇论文中,指出在他研究涉及将一个等边三角形面积切割成几个整数部分的直线的构造法时,意外出现了一些双曲线。例如,倘若你在三角形上画出恰好将其面积二等分的所有直线,那么这些直线的包络就会形成图5.12中所示的小类三角形状图案。它的三条边都是双曲线。

　　在我谈论如何用折叠一个圆来产生椭圆和双曲线,以及为何这样的折叠不会产生一条抛物线时,我忘了感谢伊利诺伊理工学院[①]的齐布思基斯(Walter Cibulskis)的那些来信,是他提醒我注意到了这些事实。

---

　　① 伊利诺伊理工学院是位于美国伊利诺伊州芝加哥市的一所私立科技大学,成立于1940年。——译者注

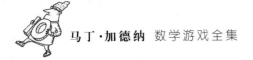

答　案

　　在圣路易斯市麦克唐奈天文馆的那张照片中,直线阴影对应的是勾勒出这一建筑物呈单叶旋转双曲面形结构的直线之一吗?答案是肯定的。每当包含阴影边缘的那条直线与太阳相交的那些时刻,天文馆一边的阴影边缘与这个表面的一根生成直线重合。这条直线是在天文馆圆形顶部圆周上的单独一个点的投影,而不是整个圆周的投影。当太阳处于任何其他高度时,该阴影边缘就会变成一条曲线,而不是这个表面的一条生成直线。

第 ◆ 章

新依洛西斯

我会一直认为最好的猜测者就是最好的先知。

——西塞罗①，

《论占卜》（*De Divinatione*）

永远不要作预言——除非你知道。

——洛威尔②，

《比格罗诗稿》（*The Biglow Papers*）

---

① 西塞罗（Marcus Tullius Cicero，前106—前43），罗马共和国晚期的哲学家、政治家、律师、作家、雄辩家，对拉丁语的发展以及欧洲的哲学和政治学都有重要影响。——译者注

② 洛威尔（Robert Russell Lowell，1819—1891年），美国作家、批评家、编辑及外交官，《比格罗诗稿》（*The Biglow Papers*）是其最著名的著作。——译者注

在1959年6月,我很荣幸有机会在《科学美国人》中介绍一种值得注意的模拟游戏,名为依洛西斯。这种用一副普通扑克牌来玩的游戏是根据依洛西斯秘仪来命名的,在这种宗教仪式中,新接纳的成员学习一种膜拜仪式的秘密规则。为了模仿生活的各种不同方面,已经开发出数百种精巧的模拟游戏,但是依洛西斯引起了数学家们和科学家们的特殊兴趣,这是因为它提供了一种归纳法模型,而这正是深入科学方法核心之中的方法。我关于依洛西斯的第一个专栏被转载在《幻方与折纸艺术》(*The 2nd Scientific American Book of Mathematical Puzzles & Diversions*, Simon and Schuster, 1961)一书中。从那时以来,依洛西斯已演化成一种比其原始形式玩起来更令人兴奋得多的游戏,因此我觉得自己有必要帮读者们赶上潮流。不过,我要先来讲点历史。

依洛西斯游戏是纽约的阿博特(Robert Abbott, 1933—)在1956年发明的,他当时还是科罗拉多大学[①]的一名本科生。他那时一直在研究解答一个问题时那种突发产生的灵感,心理学家们有时称之为"啊哈"的反应。科学中的伟大转折点常常取决于这些神秘的直觉飞跃。依洛西斯最后令人着

[①] 科罗拉多大学是美国科罗拉多州的一所公立研究型大学,成立于1876年,各分校位于博尔德、丹佛等地。——译者注

迷地模拟了科学的这一方面,尽管阿伯特在发明它时并不是出于这种考虑。1963年,阿伯特为这种游戏设计的全套规则刊于他的《阿博特新纸牌游戏》(*Abbott's New Card Games*, hardcover, Stein & Day; paperback, Funk & Wagnalls)一书中。

普林斯顿大学的杰出数学物理学家克鲁斯卡尔(Martin D. Kruskal)对这种游戏产生了兴趣,并作出了多项重要改进。1962年,他在一部题为《德尔菲:一种归纳推理游戏》(*Delphi: A Game of Inductive Reasoning*)[①]的专著中发表了他的那些规则。美国各地的许多大学教授纷纷使用依洛西斯和德尔菲来向学生们解释科学方法,并用它们来模拟"啊哈"过程。人工智能科学家们为这种游戏编写计算机程序。在圣莫妮卡市系统开发公司,纽曼的领导了一个小组,对依洛西斯展开研究。利顿工业公司基于依洛西斯绘制了一则整版广告。关于这种游戏的描述也出现在欧洲的各种书籍和期刊中。阿博特开始收到来自全世界各地的信件,其中的建议都是关于如何使依洛西斯变得更加好玩。

1973年,阿博特与贾沃斯基(John Jaworski)讨论了这种游戏,后者是一位年轻的英国数学家,他当时一直在致力于研究用于教授归纳法的一种计算机版依洛西斯。随后阿博特开始着手进行一项改造依洛西斯的3年期项目,尽其可能吸纳所有好的建议。这种新游戏不仅仅更加刺激,而且它的隐喻水平也得到了拓展。由于引入了先知和假先知这两个角色,因此这个游戏现在模拟的是搜寻任何种类的事实。现在,我就基于我与阿博特之间的通信,在下面给出眼下爱好者们玩这种新依洛西斯时所采用的各条规则。

---

① 德尔菲是希腊古城,古希腊人认为德尔菲是地球的中心。1987年联合国教科文组织将主要由阿波罗太阳神庙、雅典女神庙、剧场、体育训练场和运动场组成的德尔菲神庙列入《世界遗产名录》。——译者注

至少需要4人来玩，至多可由8个人来玩，不过人再多的话，游戏就会变得用时太长、太混乱。

使用两副标准扑克牌，将它们混合洗牌。（偶尔会有一局持续太长而需要第3副牌。）一场完整的游戏由一局或更多局（打牌的局数）构成，每局由不同的玩家坐庄。可以用上帝、自然、道、梵天[①]、神谕（如德尔菲中那样）之类的头衔来称呼庄家，或者就叫庄家。

庄家的第一项任务是要制定出一条"秘密规则"。这条规则只不过是限定在一位玩家轮到出牌时，可以合法地出哪些牌。为了有出色表现，各位玩家必须猜出这条规则是什么。一位玩家发现这条规则越快，他的得分就会越高。

依洛西斯游戏最巧妙的特征之一是得分方式（下文中描述），这有利于庄家发明一条既不太容易也不太难猜到的规则。如果没有这种特征，那么庄家们就会忍不住制定如此复杂的规则，以至于谁都猜不出这些规则，于是游戏就会变得枯燥无味、令人泄气。

这里有一个例子，是一条太过于简单的规则："出一张与刚才所出那张牌颜色不同的牌。"颜色的轮流交替出现会显而易见。一条比较好的法则是："出牌方式要使素数和非素数交替出现。"不过对于数学家们而言，这也许太简单。而对于其他任何人而言，这也许又太难。下面这个例子，举的是一条太过于复杂的规则："将刚才出的最后三张牌的面值相乘后除以4。如果余数是0，就出一张红牌或一张面值大于6的牌。如果余数是1，就出一张黑牌或一张人头牌。如果余数是2，就出一张偶数牌或一张面值小于6的牌。如果余数是3，就出一张奇数牌或一张10。"没有任何人会猜得出这样一

---

① 梵天（Brahma）又译作造书天、婆罗贺摩天、净天等，是印度教的创造之神，梵文字母的创制者。——译者注

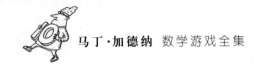

条规则,于是庄家的得分就会很低。

以下是与缺乏经验的玩家玩牌时,比较好的三例规则:

1. 如果最后一张合法打出的牌是奇数,那么就出一张黑牌。否则的话,就出一张红牌。

2. 如果最后一张合法打出的牌是黑色的,那么就出一张等值或更高值的牌。如果最后一张合法打出的牌是红色的,那么就出一张等值或更低值的牌。(J、Q、K和A的值分别是11、12、13和1。)

3. 所出的牌必须与最后一张合法打出的牌要么是同一个花色,要么是同一个面值。

秘密规则必须只用来对付合法出牌的序列。当然,高级玩家们使用的那些规则可以涉及桌上合法与非法的牌构成的整个模式,不过这样的法则就难猜得多,因而在标准玩法中是不允许的。无论在任何情况下,这条秘密规则都不应该依赖于与这些牌无关的那些环境。此类不恰当规则的例子包括依据上一位出牌者的性别、一天中的时间、上帝(庄家)是否挠了他(或她)的耳朵等。

这条秘密规则必须用一种明确无疑的语言写在一张纸上,并将这张纸放在一边用于将来确认。正如克鲁斯卡尔提出的,庄家可以在游戏开始前给出一个如实的暗示。例如,他可以说"花色与这条规则无关"或者"这条规则取决于前两张打出的牌"。

在这条秘密规则被记录下之后,庄家将两副牌混合洗牌,然后给每位玩家发14张牌,但不给他自己发牌。他在游戏台面的最右端放置一张被称为"启动牌"的单张牌,如图6.1中所示。为了确定谁先出牌,庄家顺势时针绕着玩家们围成的圆圈计数,从他左边的那位玩家开始,并且不算他自己。他计数至"启动牌"上的数字时停止。从这个数字所指示的那位玩家开始游

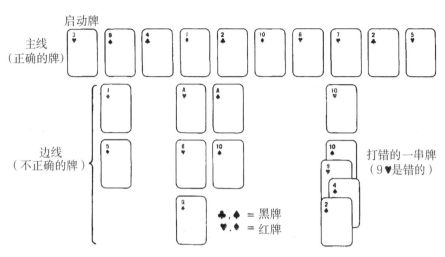

图6.1 依洛西斯的一局，在最初出了几张牌之后的一个典型情况

戏,然后这场游戏按顺时针绕圈继续下去。

一场游戏是这样进行的:将一张或几张牌放在桌上。要打出一张牌,玩家就从他手中取出一张牌,然后向所有人展示。如果根据规则这张牌是可以打的,那么庄家就说:"对。"于是将这张牌放置在启动牌的右侧。这些正确打出的牌水平向右延伸构成了"主线"。

如果这张牌没能符合规则,那么庄家就说:"错。"在这种情况下,这张牌就放置在刚才打出的那张牌的正下方。不对的那些牌构成的竖直各列被称为"边线"(这种布局以及主线和边线这两个术语都是克鲁斯卡尔引入的)。于是相继的不正确出牌就会将同一条边线向下延伸。如果一位玩家出示了一张错的牌,那么庄家就再发给他两张牌作为处罚,这样就增加了他手里的牌。

如果有一位玩家认为自己已经猜出了那条秘密规则,他就可以立即打出2张、3张或4张牌构成的一"串"。要打出一串牌,他就将这些牌稍稍重叠起来以保持它们的顺序,并且使人人都能看到。如果这一串中的所有牌都

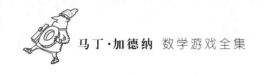

符合规则,那么庄家就说:"对。"然后就把这些牌全部放置在主线上,彼此不重叠,就好像它们是正确打出的单张牌一样。

如果一串牌中有一张或几张是错的,那么庄家就宣布整串牌都是错的。他不指明是哪些牌不符合规则。这些错的牌还是重叠在一起,以保持它们作为一串牌的状态,并将这整串牌放在刚才打出的最后一张牌下方。然后给这位玩家发这串牌数量两倍的牌。

图6.1中所显示的这种布局展示了到现在为止提到过的所有依洛西斯规则。庄家在这一布局中的秘密规则是上文给出的3种规则中的第一种。

玩家们通过出掉尽可能多的牌来提高他们的得分,如果他们能猜测出那条秘密规则,当然就会有最佳表现了。在一局开始的时候,对于怎样继续玩下去几乎不能提供什么信息,因此出牌必定是胡乱的。随着这局游戏进行下去,桌面布局中会增加越来越多的信息,这条规则也稳步地变得越来越容易猜到。

有一种可能发生的情况是,一位玩家认为他知道这条秘密规则,但却发现自己没有可以合法打出的牌。此时他就具有宣布"不出牌"的选择权。在这种情况下,他向大家摊牌。如果庄家此时宣布他是对的,并且他手里只有4张或更少的牌,那么就将这些牌放回整副牌中,于是这一轮结束。如果他是对的,并且有5张或更多的牌,那么他的牌也放回整副牌中,并且重新发给他一手牌,这手牌比他原先所持的那手少4张。

如果这位玩家宣布不出牌的做法是错的,那么庄家就取走他正确的牌之一,并将它放在主线上。这位玩家保留他手中剩下的牌,并且再发给他5张牌作为处罚。如果有一位玩家认为自己没有对的牌可打,却又尚未搞清楚那条秘密规则是什么,那么他就应该意识到,成功使用不出牌这一选择权的胜算不大。此时随意地出一张牌会更好。

当一位玩家认为自己知道了这条秘密规则,他就有机会给出证明并以此提高他的得分。做法是宣布他自己是一名先知。这位先知立即接管庄家的各项职责:当别人出牌时,由他来宣布出的牌是对还是错,并分发处罚牌。只有以下所有条件都满足的情况下,他才可以宣布自己是一名先知:

1. 他刚刚出过牌(对或不对均可),而下一位玩家尚未出牌。

2. 局中还没有先知。

3. 除了他自己以外,至少还有另两位玩家和庄家仍在此局中。

4. 他在这一局之前尚未当过先知。

一位玩家宣布自己为先知时,他就在他所打出的最后一张牌上放置一个标识物。国际象棋中的王或后都可以用。这位先知保留他的那手牌,但是不再出任何牌,除非他被取消资格。这场游戏继续沿着玩家们围成的圈顺时针进行下去,在此过程中跳过先知。

每次有一位玩家打出一张牌或一串牌时,该先知就宣布这次出牌是对还是错。然后庄家通过说"正确"或"不正确",以此来证实或推翻先知的判定。如果先知是正确的,那么这张牌或这串牌就放在桌面布局中——正确的话就放在主线上,错误的话就放在一条边线上——而先知按照要求给这位玩家如数发出处罚牌。

如果庄家说"不正确",那么这位先知就马上被取消资格。他被宣布是一名假先知。庄家移除这位假先知的标识物,并给他那手牌再增加五张。他在同一局中不允许再次成为先知,不过其他任意一位玩家都可以成为先知。这里的宗教象征意义显而易见,不过正如阿博特所指出的,此处与科学也存在着一种有趣的类比:"先知就是发表成果的科学家。假先知就是过早发表成果的科学家。"成为一名先知以及取消一名假先知的这种乐趣,这正是新依洛西斯最令人兴奋的特征。

在一位先知垮台后，庄家接管他先前的那些职责。由他完成推翻先知的那局比赛，将牌或牌串放在桌面布局中恰当的位置。不过，在出错牌的情况下也不给处罚牌。这一豁免的目的是要鼓励玩家们怀着推翻先知的希望，不按寻常方式出牌——甚至故意出错牌。用波普尔[①]的话来说，这种做法鼓励科学家们对于一位同僚的可疑理论采用"证明其无根据（证伪）"的那些方式来思考。

如果有一位先知以及一位玩家都相信他们无牌可出，那么事情就变得有点复杂了。这种情况很少发生，因此你现在可以先跳过这部分规则，只有当有这种需要时再去查考它。一旦这位玩家宣布不出牌，此时就存在着四种可能性：

1. 先知说"对"；庄家说"正确"。先知只要简单地遵循先前描述过的程序即可。

2. 先知说"对"；庄家说"不正确"。先知立即被推翻。庄家接管并如常处理一切，只不过不给这位玩家分发任何处罚牌。

3. 先知说"错"；庄家说"不正确"。换言之，这位玩家是正确的。先知被推翻，庄家如常处理一切。

4. 先知说"错"；庄家说"正确"。在这种情况下，先知现在必须从这位玩家手中挑出一张正确的牌，并将它放到主线上。如果他正确地这样做了，那么他就给这位玩家发5张处罚牌，然后游戏继续。不过，先知也有可能在这一刻出错，挑出了一张不正确的牌。如果此事发生的话，那么这位先知就被推翻。这张错牌退回到那位玩家手中，并且庄家接管如常程序，只不过不给

---

① 波普尔（Karl Popper, 1902—1994），出生于奥地利的英国哲学家。他最著名的理论，是对经典的观测——归纳法的批判，提出"从实验中证伪的"的评判标准：区别"科学的"与"非科学的"。——译者注

这位玩家分发任何处罚牌。

在打出30张牌以后,游戏中还没有出现先知,那么当玩家在出错时,也就是说当他们出错牌或者错误地宣布不出牌时,他们就从该局中被驱逐。一位遭到驱逐的玩家因他的最后一次出牌而得到通常的处罚牌,然后退出这一局,保留他的那手牌用于计分。

如果出现了一位先知,那么就要延迟驱逐处罚,直到在先知的标识物之后放下至少20张牌为止。用国际象棋中的卒来作为标识物,从而驱逐处罚在何时才能发生就显而易见了。只要先知不出现,那么每当在桌面布局中放下第10张牌时,就在其上放一个白色的卒。如果出现了一位先知,那么每当在先知的标识物后放下第10张牌时,就在其上放一个黑色的卒。当一位先知被推翻时,黑色的卒和那先知的标识物都被移除。

因此,在一局游戏中,驱逐处罚可能发生的阶段不时交替出现。例如,如果在桌面布局中有35张牌,并且没有出现先知,那么当史密斯(Smith)出错时,他就被驱逐了。接下去,琼斯(Jones)正确,并宣布她自己是一位先知。随后,如果布朗(Brown)出错,她不会被驱逐,因为在先知的标识物之后尚未放置20张牌。

一局游戏可以有两种方式结束:(1)当一位玩家出完了所有的牌时;或者(2)当所有玩家(如果有一位先知的话,则将他排除在外)都遭到了驱逐时。

依洛西斯中的计分方式如下:

1. 任何人(包括先知在内)所持的最多的牌数被称为"高数目"。每位玩家(包括先知在内)用这个高数目减去自己手中的牌数。所得的差值就是他的得分。如果他没有牌的话,就得到四点作为奖金。

2. 如果存在着一位先知的话,那么这位先知也得到一笔奖金。奖金数

等于主线上跟在他的标识物之后牌数,再加上边线上跟在他的标识物之后牌数的两倍。也就是说,自从他成为一位先知以来,每张正确的牌得一点,每张错误的牌得两点。

3. 庄家的得分等于所有玩家的最高分。只有一种例外情况:如果出现了一位先知,那么计算这位先知的标识物之前的牌数(正确的和错误的)并将此数加倍;如果所得结果小于最高得分,那么庄家的得分就是这个较小数。

如果还有时间再玩一局,就选择一位新的庄家。原则上来说,在每位玩家都做过庄家以后,这场游戏就结束了,不过这可能要花上近乎一天呢。倘若要在每个人都坐过庄之前就结束这局游戏,那么每位玩家都将已经玩过的各局得分全部加起来,没有当过庄家的人则再多加10点。这是为了校正以下事实:庄家往往会得到高于平均的得分。

图6.2中的布局显示了有五人参加的一局游戏结束时的情况。史密斯是庄家。这一局在琼斯出掉了她的所有牌时结束。布朗是先知,他在结束时还有9张牌。罗宾森(Robinson)在不正确地打出10张黑桃后遭到驱逐,他手里有14张牌。亚当斯(Adams)在这场游戏结束时还有17张牌。

最高数目是17。因此亚当斯的得分就是17减去17,即0。罗宾森的得分是17减去14,或者说是3。琼斯得到17减去0,即17,再加上因为手里没有牌而得到的4点奖金,于是她的得分就是21。布朗得到17减去9,即8,再加上当先知的奖金34(跟在他的标识物之后,主线上有12张牌,边线上有11张牌),最后的总得分是42,这是本局的最高得分。将先知的标识物之前的牌数乘以2后得到50。庄家史密斯得分42,因为这是42和50这两个数字中较小的一个。

请你查看一下这个布局,看看是否能猜出其中的秘密规则。这场游戏

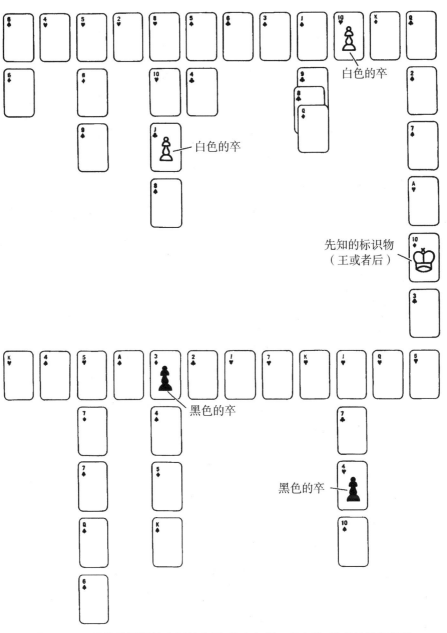

图 6.2 一局依洛西斯结束时的布局,其中包括一条主线、数条边线和各种各样的标识物。每当本局中打出第十张牌时,就放一个白色的卒。每当在先知的标识物后打出第10张牌时,就放一个黑色的卒。

是标准玩法,因此这条规则严格局限于主线序列。我会在答案部分中给出这条秘密规则。

阿博特提供的一些各式各样的建议应该会对缺乏经验的依洛西斯玩家们有所帮助。由于布局范围容易变得很大,因此玩这种游戏的最佳方式是在地板上。当然,也可以用一张很大的桌子,或者在一张较小的桌子上用微型牌来玩。如果有必要的话,可以在右端折断主线,并在下方从左边开始继续下去。

请记住,在依洛西斯中,庄家通过选择一条既不太容易也不太难的规则使得他能有最大的得分。很自然,这既取决于他能够如何机灵地估计玩家们的能力,还取决于他能够如何精确地评估他这条规则的复杂程度。这两项估计都需要相当的经验。初玩者往往会低估他们的规则的复杂性。

例如,在第一种布局中采用的规则很简单。将它与以下规则相比较:"打出一张红牌,然后是一张黑牌,然后是一张奇数牌,然后是一张偶数牌,再然后循环重复。"这条规则看起来似乎更加简单,但实际上从红—黑变化转换成奇—偶变化使它更加不容易被发现。阿博特指出,在任意给定的一局游戏中,只允许大约四分之一的牌可以被那些限制性规则接受,与允许一半或者更多的牌可以被接受的那些限制性较小的规则相比,通常前者会更加容易猜出。

我不会对于这种游戏模拟搜寻(科学的、数学的或者形而上学的)真相的那些方法再作冗长的讨论了,因为这在我关于这种游戏的第一个专栏里已经讨论过了。我只想发表如下的一个奇谈怪论:上帝或者大自然也许正在与宇宙中各颗行星上的智慧生命们同时玩着数千场乃至不可数的无数场依洛西斯游戏,他/她在此过程中总是在通过选择规则来最大化自己的欢愉,而这些规则对较少有才智的生灵而言,如果给予足够时间的话,要发现它们既不太容易也不太难。牌的供应量是无限的,并且当一位玩家遭到驱逐时,总是有其他玩者会取代他的位置。

先知和假先知来去匆匆,而且谁知道一局游戏何时会终了,另一轮游戏何时又会开始呢?搜寻任意一种真相都是一场令人振奋又愉快的游戏。值得牢记在心的是,除非这些规则都被隐藏起来,否则的话根本就不会有任何游戏。

补　遗

自从依洛西斯和德尔菲以来,还有两种非凡而卓越的归纳法游戏被发明了出来,它们都与科学方法有着很强的类比关系。关于萨克森①棋盘游戏"模式",可参见我的《火柴游戏与循环数》(*Mathematical Circus*, Knopf, 1979)一书第4章。使用32张特殊牌的"潘萨里"是卡兹(Robert Katz)的智慧结晶。他的《潘萨里指导手册》(*Pensari Guide Book*, 1986)是随同这些牌一起印发的,这本书达到了42页。《科学新闻》(*Science News*)1987年的若干期上都刊登了潘萨里的整版广告。

数年前,我在阅读《托马斯·H·赫胥黎生平及书信》[*The Life and Letters of Thomas H. Huxley*,由他的儿子莱奥纳德主编,阿普尔顿(Appleton)出版社,1901年,第1卷,第262页]时,偶然看到了下面这一赏心悦目的段落。这段话摘自赫胥黎1863年寄给金斯利②的一封信。

---

① 萨克森(Sid Sackson,1920—2002),美国桌面游戏设计师。——译者注

② 金斯利(Charles Kingsley,1819—1875),英国文学家、学者与神学家,擅长儿童文学。——译者注

我想象,这个宇宙就像一场正在博弈的游戏,而我们这些可怜的凡夫俗子们则被允许参与其中。凭借着巨大的好运,我们之中的智慧者已辨认出目前正在进行中的这场游戏的少许几条规则。我们将这些规则称为"自然法则",并对它们尊崇备至,这是因为我们发现,假如我们服从它们,我们的辛苦就会有所得。游戏中的牌就是我们的理论和假设,游戏中的诀窍就是我们的实验验证。不过,哪个心智健全的人会力图去解决这个问题:如果把游戏规则以及劳苦所得放在心中,难道还要去发现游戏中所使用的那些牌是纸板做成的,还是金箔制成的?再者,这个形而上学者的问题,此刻在我看来,丝毫不会更有理性。

答　案

这里的问题是要猜测在依洛西斯这一纸牌游戏中,决定某一局最终布局的秘密规则。这条规则是:"如果最后一张牌小于此前合法打出的那张牌,那么就出一张大于最后那张的牌,否则的话就出一张较低的牌。第一张打出的牌是正确的,除非它等于启动牌。"

第 **1** 章
拉姆齐理论

　　假设有任意6个人聚集在一起，试证明其中有某3位要么相互认识，要么彼此完全不认识。

　　——《美国数学月刊》(*The American Mathematical Monthly*)，1958年6—7月期，题目E1321

本章最初是在1977年为了对《图论杂志》(*The Journal of Graph Theory*)的问世表示祝贺而写的,这本期刊专注于现代数学中成长最迅速的分支之一。创刊主编哈拉里[1]为此科目撰写了全世界范围内使用最广泛的入门指南。目前的执行总编是贝尔通讯研究所的金芳蓉。

图论研究的是用直线连接的点的集合。在这本新杂志的第一期中,有两篇文章论述拉姆齐图论,这一主题中的很大一部分与趣味数学相关。尽管匈牙利数学家埃尔德什(Paul Erdös)等人撰写的几篇关于拉姆齐理论的论文早在1930年代就出现了,但是,直到1950年代,才开始了认真的研究工作——搜寻现在所谓的拉姆齐数。推动这种搜寻工作的重大因素之一,就是上面所引用的这道看起来单纯的谜题。至少早在1950年,它就在使那些数学民俗般的游戏变成一个图论问题,并且在哈拉里的建议下被纳入1953年的威廉·罗威尔·普特南数学竞赛[2]的内容之中。

我们很容易将这道谜题转化成一道图论题目。用6个点来表示6个人。每两点之间用一条直线相连,比如说可以用红色铅笔来表示两个相互

---

① 哈拉里(Frank Harary,1921—2005),美国数学家,现代图论的创始人之一。——译者注

② 威廉·罗威尔·普特南数学竞赛(William Lowell Putnam Mathematical Competition)是由美国数学学会管理的年度数学竞赛,参赛对象是在美国或加拿大注册的本科生。——译者注

认识的人,而用蓝色铅笔来表示两个陌生人。现在的问题是要证明:无论这些直线的颜色如何,你都无法避免要么画出一个红色三角形(将三个相互认识的人相连),要么画出一个蓝色三角形(将三个陌生人相连)。

拉姆齐理论处理的就是此类问题,它是以剑桥大学的卓越数学家弗兰克·普伦普顿·拉姆齐[①]的名字来命名的。拉姆齐1930年去世时年仅26岁,那是在他为治疗黄疸接受腹部手术的几天后。他的父亲 A. S. 拉姆齐是剑桥大学麦格达伦学院院长,而他的弟弟迈克尔则在1961年至1974年期间担任坎特伯里大主教。由于他对经济学理论的卓越贡献,经济学家们知道他。由于他简化了罗素[②]的分歧类型理论(有人说是拉姆齐将分歧理论拉姆齐化了),并且将逻辑悖论分成了逻辑类和语义类,因此逻辑学家们也知道他。由于他从信仰的角度对概率作出了主观解释,以及他发明的"拉姆齐句子"(这是一种符号学手段,极大地澄清了科学的"理论语言"本质),因此科学哲学家们同样知道他。

1928年,拉姆齐向伦敦数学学会宣读了一篇题为《关于一个形式逻辑问题》的论文,这篇论文如今已成为经典之作。[《数学基础》(*The Foundations of Mathematics*)中再版了这篇论文,此书是在拉姆齐去世后,由他的朋友布雷斯韦特(R. B. Braithwaite)编辑的一本拉姆齐随笔合集。]在这篇论文中,拉姆齐证明了一个关于集合的深奥结论,这个结论现在被称为拉姆齐定理。他首先就无限集合的情况证明了这一定理,从而评述这比有限集合的情况要容易,而其后就对后者给出了证明。就像许许多多关于集合的定理一样,结果证明这条定理对于组合问题具有大量各种各样意料之外的

[①] 弗兰克·普伦普顿·拉姆齐(Frank Plumpton Ramsey,1903—1930),英国数学家、哲学家、经济学家。他是治疗慢性肝疾而接受腹部手术,但术后并发黄疸,原文可能有误。——译者注

[②] 罗素(Betrand Russell,1872—1970),怀特海德的学生,英国哲学家、数学家和逻辑学家,1950年诺贝尔文学奖获得者,分析哲学的创始人之一。——译者注

应用。这条定理的最一般化形式太复杂,因此在这里无法给出解释,但是就我们的目标而言,搞清如何将它应用于图形着色理论就足够了。

当 n 个点全都用直线两两相连时,所得的图就称为这 n 个点的完全图,并用符号 K_n 来表示。由于我们关心的只是拓扑性质,因此这些点如何放置以及这些直线如何画都无关紧要。图7.1中显示了在两个点至六个点上描画完全图的常见方法。这些直线标定了 n 的每一个恰好有两个成员的子集。

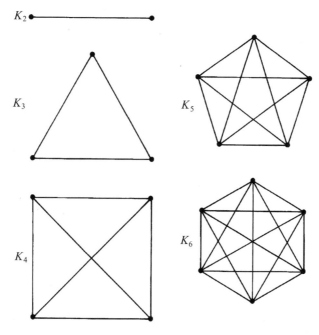

图7.1 两个点至六个点的完全图

假设我们将一张 K_n 图上的直线随意涂成红色或蓝色。我们可以将这些直线全部涂成红色或全部涂成蓝色,也可以涂成两者之间的任何混合形式。这被称为图的二着色。要将 n 的全部有两个成员的子集分成不相交的两类,着色当然是一种简单的方法。同样,直线的三着色将它们分成三类。一般而言,一种 r 着色就将各点对分成互不相交的 r 类。

完全图的一个"子图"是指从以下意义上来说，被包含在完全图中的任意一种图：子图的所有点和线都在较大的图之中。很容易看出，任何一张完全图，都是在更多点上的任意完全图的子图。许多简单图都是有名字的。图7.2中显示了四个家族：路径、圈、星和轮。请注意，四个点上的轮是画K_4的另一种方法。它常常被称为四面体，这是因为它是四面体框架的一种平面投影。

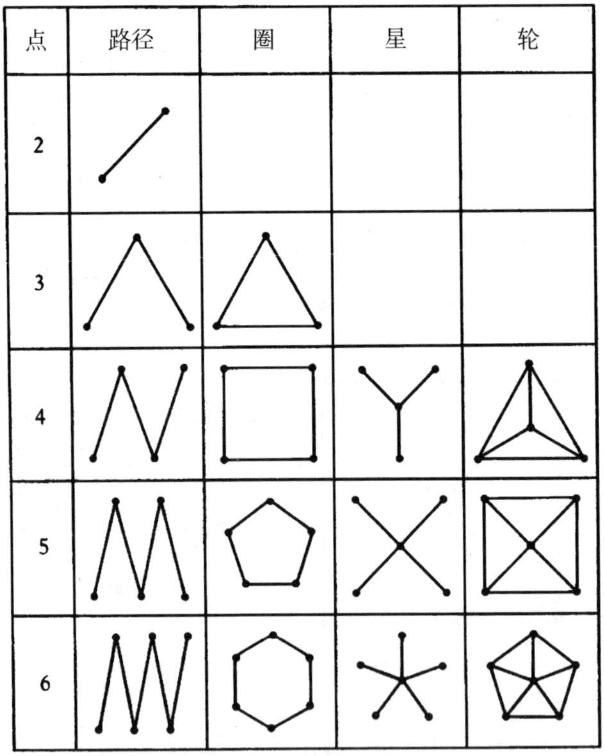

点	路径	圈	星	轮
2				
3				
4				
5				
6				

图7.2 简单图中的四个重要家族

现在来考虑以下这道涉及6支不同颜色铅笔的题目。我们为每种颜色随心所欲地指派任一种图。例如：

1. 红色：五边形（五点圈）

2. 橙色:四面体

3. 黄色:七点星

4. 绿色:十三点路径

5. 蓝色:八点轮

6. 紫色:领结(只共享一点的两个三角形)

我们现在来提出一个奇特的问题。是否存在着这样一些完全图,假如它们的各条直线都用六种颜色随意着色,那么其中必定包含着至少以上列出的6种图之一作为它的一个子图?换言之,无论我们如何用6色铅笔来对这些完全图之一进行着色,我们是否必然会得到要么一个红色五边形,要么一个橙色四面体,要么一个黄色七点星,等等?拉姆齐定理证明,在超过某一定尺寸后,一切完全图都具有这种特征。让我们将这一无限集合中的最小图称为特定的一些子图集合的拉姆齐图。这一最小图的点数被称为这一子图集合的拉姆齐数。

每种拉姆齐图都提供了一种游戏和一道智力问题。对于我们的例子而言,游戏如下:两位玩家轮流拿起6色铅笔中的任何一支,并为拉姆齐图中的一条直线着色。首先完成对特定子图之一进行着色的一方为输。由于它是一个拉姆齐图,因此这个游戏就不可能出现和局。不仅如此,它也是不可能出现和局的最小完全图。

相关的智力问题涉及一个比拉姆齐图少一个点的完全图。这显然是游戏可以产生和局的最大完全图。这样的一张图被称为此特定子图集合的临界着色。这道智力问题是在于为这个临界图找到一种着色方式,使任何一种子图都不出现。

对于上文给出的6个子图,我完全不知道它们的拉姆齐数是多少。它的完全图是如此巨大(包含着数百个点),以至于用它来玩一个游戏会完全不可能,而相关的智力问题也会实在太难,以至于不能在切实可行的计算机的搜索能力范围内得以解决。尽管如此,由较小的一些完全图给出的,以及仅用两色铅笔去做的那些拉姆齐游戏和智力问题还是会有相当娱乐性的。

最著名的拉姆齐游戏被称为西姆(Sim),这是以首先提出这种游戏的数学家西蒙斯(Gustavus Simmons)的名字来命名的。[这个游戏曾在一个专栏中讨论过,并在我的《打结的甜甜圈和其他数学消遣》(*Knotted Doughnuts and Other Mathematical Entertainments*)一书中作为第9章转载。]西姆是在六点的完全图(K_6)上玩的,模拟的是那道关于6人聚会的题目。不难证明,下列两个子图的拉姆齐数都是6:

1. 红色:三角形(K_3)
2. 蓝色:三角形(K_3)

在"经典的"拉姆齐理论中,惯常的做法是用单独一个数来表示完全图,因此我们可以将上述结论表示为下面这个紧凑的符号:$R(3,3)=6$。其中的R表示拉姆齐数,第一个3表示一种颜色(比如说红色)的三角形,第二个3则表示另一种颜色(比如说蓝色)的三角形。换言之,在对此图进行二着色时,强制出现一个"单色"(全红或全蓝)三角形的最小完全图的拉姆齐数是6。因此,如果有两位玩家轮流对K_6进行红蓝着色,那么其中一方必然会完成他那种颜色的一个三角形而失利。与此相应的简单谜题是对临界图K_5进行二着色,使结果不出现单色三角形。

事实证明当K_6被二着色时,会强制出现至少两个单色三角形。(如果恰好出现两个,并且它们的颜色相反,那么它们就形成一个领结。)这就产生了一个有趣的问题。倘若对一个n个点上的完全图进行二着色,结果会强制产生多少个单色三角形?古德曼(A. W. Goodman)在1959年的一篇论文

《关于任何一场聚会上的熟人和陌生人》中，首先解答了这个问题。最好将古德曼的公式分成三种情况：如果 n 具有 $2u$ 的形式，那么强制产生单色三角形的数就等于 $\frac{1}{3}u(u-1)(u-2)$；如果 n 具有 $4u+1$ 的形式，那么强制产生单色三角形的数就等于 $\frac{1}{3}2u(u-1)(4u+1)$；如果 n 具有 $4u+3$ 的形式，那么强制产生单色三角形的数就等于 $\frac{1}{3}2u(u+1)(4u-1)$。于是对于 6 至 12 点的完全图，强制出现单色三角形的数分别等于 2、4、8、12、20、28 和 40。

随机二着色通常会产生比强制要求的数更多的单色三角形。当一个拉姆齐图的一种着色方式中，恰好包含强制要求的三角形数并且仅此而已，那么就称此着色方式为极值着色方式。是否总是存在着这样一种极值着色方式，其中强制出现的三角形全都是同样颜色的？（此类着色方式已被称为蓝空，意思是蓝色三角形数量被减少到零。）1961 年，索韦（Leopold Sauvé）证明：对于一切奇数 n，这一问题的答案都是否定的，只有 $n=7$ 是例外。这使人想到一种新的智力问题类型。例如，在七个点上画出完全图。你能对它进行二着色，结果不出现任何蓝色三角形，也不出现四个以上的红色三角形吗？这并非易事。

关于"经典的"拉姆齐数，我们几乎一无所知。它们是能强制出由较小的一些完全图构成的给定集合的最小完全图的点数。至今还不知道任何用于求经典拉姆齐数的实用过程。我们知道一种算法，这种算法只是简单地探查完全图的所有可能着色方式，逐级往上，直至找到拉姆齐图为止。然而，这项任务的困难程度如此快速地发生指数式增长，以至于很快就超出了计算上的可行性。而关于理性地玩一场拉姆齐游戏时，最后谁会赢——是先手还是后手——我们所知的就更少了。西姆问题得到了解答（后手得胜），但是涉及那些更大完全图的拉姆齐游戏，我们就几乎一无所知了。

迄今为止,我们唯一考虑过的一种拉姆齐游戏是哈拉里所谓的躲避游戏。正如他所指出的,至少还有另外3种游戏也是可能的。例如,在"成就"游戏中(按照西姆游戏的设计思路),首先完成一个单色三角形的玩家获胜。在另两种游戏中,直到所有直线都被着色后游戏才结束,要么颜色三角形最多的一方获胜,要么颜色三角形最少的一方获胜。最后这两种游戏最难分析,而成就游戏则是最容易的。下文中的"拉姆齐游戏"指的是躲避游戏。

除了西姆游戏的基本形式 $R(3,3)=6$ 以外,对于二着色方式,只有另外七个值得一提的经典拉姆齐数:

1. $R(3,4)=9$。如果 K_9 是二着色的,那么它强制产生一个红色三角形(K_3)或者一个蓝色四面体(K_4)。如果将它作为一个拉姆齐游戏来玩的话,没有人知道谁会获胜。

2. $R(3,5)=14$。

3. $R(4,4)=8$。如果 K_{18} 是二着色的,就会强制产生一个单色四面体(K_4)。这是一个不错的拉姆齐游戏,只不过要辨识出四面体而带来的困难使它很难玩。这个图及其着色方式对应于这样一个事实:在一场18个人的聚会上,要么有一组4个人相互认识,要么四个人彼此完全不认识。

4. $R(3,6)=18$。在同一场聚会上,要么有一组3个人相互认识,要么有6个人彼此完全不认识。用着色的方式来说,如果对一个18个点的完全图进行双着色,那么结果要么强制出现一个红色三角形,要么强制出现一个蓝色六点完全图。

5. $R(3,7)=23$。

6. $R(3,8)=28$。

7. $R(3,9)=36$。

8. $R(4,5)=25$。

9. $R(6,7)=298$。

到1996年3月为止,人们已知道以下另外8个拉姆齐数的范围:

$R(3,10)=40\text{--}43.$

$R(4,6)=35\text{--}41.$

$R(4,7)=49\text{--}61.$

$R(5,5)=43\text{--}49.$

$R(5,6)=58\text{--}87.$

$R(5,7)=80\text{--}143.$

$R(6,6)=102\text{--}165.$

$R(7,7)=205\text{--}540.$

如果必须包括或者一组5个人相互认识,或者5个人彼此完全不认识,那么最少的人数是多少?这相当于寻求在不产生5点单色完全图情况下,就无法进行二着色的最小完全图,而这又等同于寻求$R(5,5)$这一拉姆齐数。从$R(4,4)$到$R(5,5)$的计算的复杂性有如此巨大的跳跃,以至于拉姆齐理论的权威专家、目前在纽约市立大学城市学院教授计算机科学的伯尔(Stefan Burr)认为这个数有可能永远会不得而知。他相信,即便是$R(4,5)$也已经如此难以分析,乃至它的值也有可能永远无法找到。

另外,只有一个经典拉姆齐数是已知的,它对应3种颜色。$R(3)=3$不值一提,因为如果你用一种颜色来对一个三角形着色,那么你必然会得到一个单色三角形。我们已经看到$R(3,3)$等于6。$R(3,3,3)$等于17。这就意味着如果对K_{17}进行三着色,就会强制出现一个单色三角形。实际上,强制出现的不止一个单色三角形,但是其确切数目还不得而知。

$R(3,3,3)=17$首先在1955年得到证明。这个图的拉姆齐游戏采用3种不同颜色的铅笔。玩家使用自己喜欢的任何颜色轮流为直线着色，直至有一位玩家完成一个单色三角形而失利为止。如果游戏双方都使出可能的最佳招数，那么谁会赢呢？没有人知道。与之对应的拉姆齐智力问题是对临界图K_{16}进行三着色，但结果不出现任何单三角形。

在四着色时强制出现一个单色三角形的最小完全图$R(3,3,3)$的情况又如何呢？答案未知，不过福尔克曼(Jon Folkman)的证明给出了一个64的上限，他是一位才华横溢的组合论家，1964年他在去除一个巨大的脑瘤的手术后自杀，当时年仅31岁。最佳下限51是由贝尔通讯研究所的一位数学家金芳蓉确立的，她在其博士论文中给出了这个证明。

经典拉姆齐理论有许多令人着迷的推广方式。我们已经考虑了最显而易见的方式：为完全图的r着色搜寻所谓的广义拉姆齐数，它们不仅强制出现完全图，还强制出现一些其他的图。查瓦陶[①]和哈拉里是这一领域中的领军人物，而伯尔在过去的15年中也一直在对此作研究。试考虑这个问题：为强制出现一个n点单色星的最小完全图，求出其拉姆齐数。哈拉里和查瓦陶首先解决了二着色时的情况。1973年，伯尔和罗伯茨(J. A. Roberts)就任何数目的颜色解决了这个问题。

另一个推广的拉姆齐问题是：要求出强制出现某一特定数量单色"分离"三角形的K_n的二着色拉姆齐数。(如果几个三角形没有共同点的话，它们就是分离的。)1975年，伯尔、埃尔德什和斯宾塞(J. H. Spencer)证明了这个数等于$5d$，其中d为分离三角形的个数，且d大于2。这个问题在两种以上颜色情况时尚未解决。

---

① 查瓦陶(Václav Chvátal, 1946—   )，加拿大数学家，加拿大组合优化研究主席，主要研究领域为图论、组合数学和组合优化。——译者注

对于轮的一般情况,甚至在两种颜色时都尚未解得。如我们已经看到的,四点轮,即四面体的拉姆齐数等于18。尼日利亚数学家穆恩(Tim Moon)证明了五点轮(有一个轮心和四根轮辐的轮)的拉姆齐数等于15。六点轮的情况还无解,不过已知其拉姆齐数的范围是17至20,包括17和20,并且有传闻说,该值是17,只是证明尚未发表。

图7.3是由伯尔提供的一张很有价值的图表,它最初在我1977年的专栏中发表,其中列出了113个不超过六条线并且没有孤立点的图,它们的广义拉姆齐数都是知道的。请注意,这些图中有一些不是连通的。在这样的情况下,整个图案无论是全红还是全蓝,都是由具有标明的拉姆齐数的完全图所强制产生的。

伯尔图表中的每个条目都构成一个拉姆齐游戏和谜题的基础,不过事实证明这些谜题——为临界图找到临界着色方式——比为经典拉姆齐数找到临界着色方式要容易得多。请注意,这张图表中给出了西姆游戏的六种变化形式。K_6的一种二着色方式不仅强制产生一个单色三角形,而且强制产生一个正方形、一个四点星(有时也被称为一个"爪子")、一个五点路径、一对分别由两个点和3个点构成的分离路径(两者具有相同的颜色)、一个带有一条尾巴的正方形和一棵简单"树"(伯尔的图表中的15)。带有一条尾巴的三角形(8),五点星(12)、拉丁十字架(27)和鱼(51)也许值得作为K_7上的拉姆齐游戏来深入研究一下。

贝尔实验室的格雷姆(Ronald L. Graham)是全国顶级的组合论家之一,他对广义拉姆齐理论作出了许多重大贡献。很难找出一个比他更不像电影中那种定型的、富有创造性的典型数学家了。年轻的时候,格雷姆和两位朋友曾是专业蹦床表演者,用"弹跳的贝尔们"这个名字为一个马戏团工作。他现在还是全国最好的杂耍表演者之一,并且曾任国际杂耍表演者

拉姆齐数

图

图	拉姆齐数
1	2
2	3
3	6
4	5
5	5
6	6
7	6
8	7
9	10
20	9
21	8
22	7
23	8
24	7
25	8
26	7
27	7
28	8
39	9
40	9
41	11
42	10
43	11
44	10
45	12
46	14
47	9
58	11
59	11
60	11
61	11
62	8
63	10
64	11
65	10
66	11
77	9
78	9
79	9
80	9
81	10
82	9
83	10
84	9
85	10
96	10
97	11
98	10
99	11
100	11
101	11
102	13
103	12
104	12

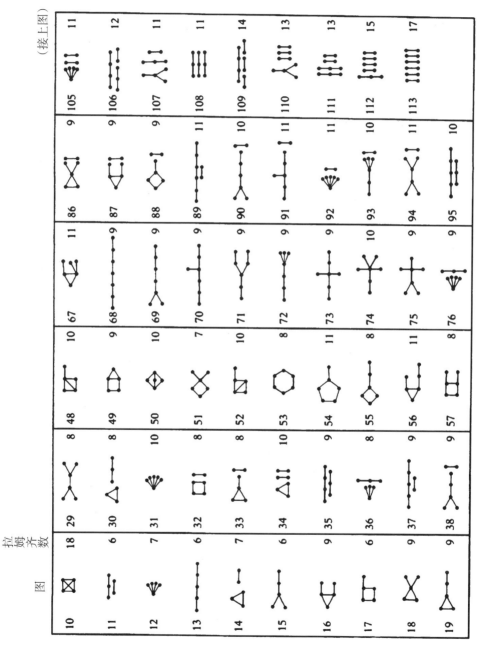

图7.3　广义拉姆齐数已知的那些简单图

协会的前会长。他办公室的天花板覆盖着一张巨大的网,这张网可以拉下来系在他腰上,这样当他用六七个球来练习的时候,任何没接住的球都会随之滚回他身边。

1968年,格雷姆为埃尔德什和豪伊瑙尔[①]提出的一道拉姆齐类型的题目找到了一种独具创意的解答。在二着色时会强制出现一个单色三角形的、任意类型的最小图(不包含K_6的)是什么? 格雷姆得出唯一解答是图7.4中显示的八点图。其证明直截了当地使用了归谬法。一开始先假设可以存在着一种避免出现单色三角形的二着色方式,然后在证明这会强制出现这样一个三角形:从其顶端出发,至少有两条直线必定是,比如说灰色的,而这个图的对称性允许我们在不失一般性的情况下将两条外侧直线画成灰色。那么要防止形成一个灰色三角形,这两条直线的末端就必定要用

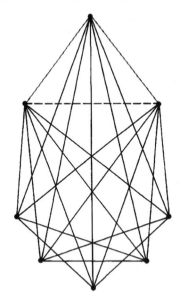

图7.4 格雷姆为埃尔德什提出的一道题目所给出的解答

① 豪伊瑙尔(András Hajnal, 1931—),匈牙利数学家,主要工作领域是集合论和组合论。——译者注

一条着色的直线(图中用虚线表示)连接。读者也许会乐于设法完成这一论证过程。

当被排除的子图是一个不同于K_6的子图时,类似的那些题目又如何呢?这个问题对于K_3而言是没有意义的,因为K_3本身就是一个三角形。K_5的情况尚无解答。已知的最佳解答是两位保加利亚数学家发现的一个16点图。K_4的解答更加遥不可及。福克曼在他去世后才发表的一篇论文中证明,这样的一个拉姆齐图是存在的,但是他的构造方式使用了超过$2\uparrow\uparrow\uparrow 2^{901}$个点。这是一个巨大无比的数字,以至于假如不使用特殊的箭头符号的话,就无法将它表达出来。这种符号是由高德纳在他发表在《科学》(Science,1976年12月17日)杂志上的《数学和计算机科学:应对有限性》一文中引入的。自此以后,这个数已降低到了一个还比较可以接受的大小。

想象宇宙中挤满了电子大小的球体。这些球体的总数比出现在福克曼图中的那个数还要小,小得不可想象。埃尔德什长期悬赏100美元,奖给任何为这道题目找到一个少于一百万点的图的人。

福克曼的图戏剧性地表明了一道拉姆齐题目可能会有多难,即使该问题的陈述中提到不允许使用多于4个点。不过正如乔尔森(Al Jolson)[①]喜欢说的那样:更多的怪事还在后面呢!格雷姆发现了一个更加令人瞠目结舌的例子。

考虑一个用直线连接每一对顶点的立方体。结果得到的是一个八点完全图,只不过现在我们又增加了一个欧几里得几何结构。设想这个空间中的K_8的各条直线被任意着色为红色或蓝色。着色方式能否做到不产生

---

① 乔尔森(Al Jolson, 1886—1950),美国歌手、喜剧演员。"你还什么都没听到呢(you ain't heard nothin' yet)是他的口头禅。——译者注

任何处于一个平面上的单色K_4这一结果？答案是肯定的，而且也不难做到。

现在让我们推广到n维立方体的情况。一个超立方体有2^n个顶点。在四维超立方体上，也有可能对2^4或者说16个点的完全图的各条直线进行二着色，而结果不产生任何单色四点完全平面图。对32个点的2^5超立体也同样可以做到这一点。这就启发我们想到下面这个欧几里得拉姆齐问题：如果将一个超立方体的连接各对顶点的直线都进行二着色，从而强制产生一个单色的平面K_4，那么这个超立方体的最小维度是多少？拉姆齐定理确保，只有当强制产生的K_4不局限在一个平面上时，这个问题才有答案。

当强制产生的单色K_4为平面图时，存在着一个答案。格雷姆和罗思柴尔德（Bruce L. Rothschild）在1970年发现的一种影响深远的拉姆齐定理推广形式中首先证明了这一点。然而，要求出这个实际的数字就又是另一回事了。格雷姆在一个尚未发表的证明中对此确立了一个上限，不过这个上限如此巨大，以至于使它保持了有史以来严肃数学证明中用到过的最大数字这一纪录。

至于格雷姆数究竟有多大，为了至少给出一个模糊的概念，我们就首先必须去尝试解释高德纳的箭头符号计数法。写成$3\uparrow3$的数就表示$3\times3\times3=3^3=27$。$3\uparrow\uparrow3$这个数就表示$3\uparrow(3\uparrow3)$这样一个表达式。由于$3\uparrow3$等于27，因此我们就可以把$3\uparrow\uparrow3$写成$3\uparrow27$或3^{27}。写成指数斜塔的形式就是

$$3^{3^3}$$

这个塔只有三层高，但写成普通数字的话，它就是7 625 597 484 987。这是由27得出的一个大飞跃，不过它仍然是一个小数字，因此我们可以将它实际打印出来。

当 $3\uparrow\uparrow\uparrow3=3\uparrow\uparrow(3\uparrow\uparrow3)=3\uparrow\uparrow3^{27}$ 这个巨大的数字写成一座 3 的塔时,它就达到了 7 625 597 484 987 层的高度。这座塔及其代表的数字现在都大到了如果不采用特殊计数法就无法打印出来的程度。

考虑 $3\uparrow\uparrow\uparrow\uparrow3=3\uparrow\uparrow\uparrow(3\uparrow\uparrow\uparrow3)$。括号里面的是由前述计算所得出的那个庞大数字。$3\uparrow\uparrow\uparrow\uparrow3$ 这座 3 的塔,已经再也不可能用任何简单的方法来指明其高度了。其高度距离 $3\uparrow\uparrow\uparrow3$ 又有一个宇宙那么远。如果我们将 $3\uparrow\uparrow\uparrow\uparrow3$ 分解成一系列双箭头算符,那么就是 $3\uparrow\uparrow(3\uparrow\uparrow(3\uparrow\uparrow\cdots\uparrow\uparrow(3\uparrow\uparrow3)\cdots))$,其中的迭代步数是 $3\uparrow\uparrow\uparrow3$。正如高德纳所说,上句中的这些点"隐藏了许多细节"。虽然 $3\uparrow\uparrow\uparrow\uparrow3$ 比 $3\uparrow\uparrow\uparrow3$ 大的程度令人无法想象,但是就有限数而言,它仍然算是小的,因为大多数有限数都要大得多得多。

现在我们已经能表示格雷姆的数了。图 7.5 中表示了这个数。图中的顶端是 $3\uparrow\uparrow\uparrow\uparrow\uparrow3$。这个数给出了它正下方那个数的箭头数量。而第二行的这个数又转而给出了它下方的箭头数目。这样持续 2^6 或者说 64 层。

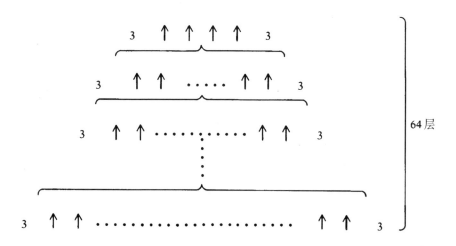

图 7.5　格雷姆为一道欧几里得拉姆齐题目的解答给出的上限

图中的最底下的那个数就是格拉汉姆证明重新给出的那道超立方体题目的上限。

现在你可要小心坐稳了。拉姆齐理论专家们觉得,这道题目的实际拉姆齐数很可能是6。正如乌拉姆①在演讲中多次说过的:"对于无限,我们会立即动手。对于有限,也许要多花一点时间了。"

补　遗

自从本章1977年首次刊登在《科学美国人》上以来,拉姆齐理论有了如此迅速的进展,以至于有关它的论文参考书可高达一千多种,因此即使想要在本文中勉励去尝试只总结其主要文献,也是不可能实现的。幸运的是,现在已有两本极好的书可用作对这个整体领域(拉姆齐图论只是其中的一部分)的入门读物:一本是格雷姆的《拉姆齐理论初步》(*Rudiments of Ramsey Theory*),还有一本是格雷姆与两位同事共同执笔的《拉姆齐理论》(*Ramsey Theory*)。

拉姆齐理论现今包含着许许多多内容,其中有一些问题涉及分割任何图中的直线或者分割任何空间中的点。欧几里得拉姆齐理论是格雷姆、埃尔德什和其他几个人在1970年代开创的,研究的是对一个给定的欧几里得空间中的所有点进行k着色,以及确定哪些模式是强制产生的。例如,无论对平面上的点如何进行二着色,其着色方式总是会强制产生一个任意指定大小和形状的单色三角形的各顶点,只有等边三角形除外。(可以将这个平面用两种交替颜色的条纹来着色,这些条纹的宽度使得没有任何(比如说边长为1的)等边三角形可能会出现有三个顶点同色的情况。

如果对欧几里得三维空间中的所有点进行二着色,结果会强制产生一个

① 乌拉姆(Stanislaw M. Ulam, 1909—1984),波兰裔美国数学家,主要研究领域包括遍历理论、数论、集合论和代数拓扑等,曾经参加研制原子弹的曼哈顿计划。——译者注

任意大小的等边三角形吗？是的。考虑任意正四面体的4个点。无论对这些点如何进行二着色，其中至少有三点同色，因而这三点就必然会构成一个单色等边三角形。关于这一类型的其他一些定理，可参见埃尔德什、格雷姆等人1973年的论文，这些定理证明起来要困难得多。

在过去的十年间，哈拉里及其同事们一直在分析各种拉姆齐游戏。他们的结论中，只有一小部分已经发表，不过哈拉里正在计划写作一本大部头，内容是关于他所谓的拉姆齐类型的成就游戏和躲避游戏。

在伯尔显示所有6条或6条以下直线构成的图的那张图表（图7.3）中，你会看到从整数2到18的区间中，只有4和16因为不是广义拉姆齐数，而不在其内。有3个由7条直线构成的图分别具有广义拉姆齐数16，但是没有任何一个图具有广义拉姆齐数4。是不是除了4以外的所有正整数（忽略1，因为它是没有意义的）都是一个广义拉姆齐数？1970年，哈拉里证明这个答案是肯定的。通过检视伯尔的图表，4不可能是广义拉姆齐数，这是显而易见的。四面体（4个点的完全图）不可能是强制产生一个子图的最小图，因为四面体的每个可能子图所具有的拉姆齐数都高于或者低于4。

在二着色的情况下，会强制出现一个五点单色完全图的最小完全图是什么？换言之，广义拉姆齐数 $R(5,5)$ 是多大？1975年，哈拉里出价100美元奖给第一个解答出这个问题的人，不过这笔奖金至今仍原封未动。

哈拉里在《图论杂志》(*The Journal of Graph Theory*)1983年的特刊上，对拉姆齐的一篇颂辞中写道："拉姆齐理论还只是处于其婴儿时期。"又说："拉姆齐当时根本不可能预见到他自己的工作所激励出的理论。"梅勒(D. H. Mellor)在同一期的另一篇颂扬拉姆齐的文章写下了这样一句值得牢记的话："拉姆齐在数学方面经久不衰的盛名……基于一条他自己并不需要的定理，而这条定理是在设法做某件我们现在知道不可能做到的事情的过程中得到了证明！"

答　案

　　图7.6(请注意颜色对称性)中显示了如何对一个七点的完全图进行双着色,从而使它蓝空(灰色的那些直线),并包括(最低限度)4个红色三角形(黑色直线)。如果你喜欢研究这道题目,那么你也许会喜欢处理K_8的问题,对这个八点完全图进行双着色,从而使它蓝空并包括(最低限度)8个红色三角形。

　　洛登(Garry Lorden)在他1962年的论文《蓝空彩色图》中表明,这一类型的题目毫无趣味。如果点数n为偶数,古德曼早先就证明了只要将两个$n/2$个点构成的完全子图都着色为红色,就可以使这个图成为蓝空的极值着色方式。如果n为奇数,那么(如我在前文中说过的)K_7是能够通过二着色成为蓝空极值的唯一完全图。在对n为奇数但不是7的完全图进行二着色时,你如何构造出一个不是极值但是具有最少数量红色三角形的蓝空图?洛登证明了这很容易做到,方法是将这个图分割成两个完全红色子图,其中之一为$(n+1)/2$个点,另一个是$(n-1)/2$个点。可能会需要一些额外的红色直线,不过添加这些线却是小事一桩。

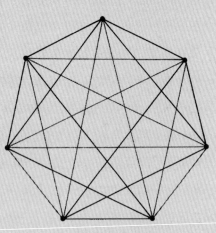

图7.6　一道拉姆齐谜题的解答

第 **8** 章
从孔明锁到贝罗卡尔

我们接下去开始了一场专题探究,讨论是否存在任何不依存于实用性的美。将军坚持认为是没有的。约翰逊博士则主张这种美是存在的。他以手里拿着的咖啡杯为例,杯子上的图案没有任何实用之处,因为假如杯子是素色,同样能很好地容纳咖啡,然而这图案却是美的。

——博斯韦尔,
《塞缪尔·约翰逊生平》[1]

---

① 约翰逊(Samuel Johnson,1709—1784),英国文学评论家、诗人、散文家、传记家,他独自编撰的《约翰逊词典》(*A Dictionary of the English Language*)是英语历史中最具影响力的词典之一。《塞缪尔·约翰逊生平》(*The life of Samuel Johnson*)是苏格兰作家博斯韦尔(James Boswell,1740—1795)为塞缪尔·约翰逊所写的传记,被公认为是近代西方传记文学开山之作。此书有多个中译本,译名稍有不同。——译者注

本章的目的是要向读者们介绍贝罗卡尔（Miguel Berrocal, 1933—2006），他是目前在世的最重要的西班牙雕刻家。贝罗卡尔在欧洲早就是一个受到膜拜的人物，并且有着稳定增长的一批追随者，然而他在美国却鲜为人知到令人惊讶的程度。不过，在详细描述贝罗卡尔的卓越成就并解释为什么应该在一本关于趣味数学的书中讨论他的雕塑之前，我们必须先来考虑最古老的几类机械拼装游戏之一。

有些用几块木头构成的拼装游戏，它们如此巧妙地互锁在一起，以至于要将它们分开是相当困难的，有哪位读者不曾在某个时候手持着这样的一件玩具呢？这些物件通常被称为中国拼装游戏，并且一旦它们被拆开，再要将它们重新组合在一起可能会更具挑战性。通常有单独的一块被称为"栓"，为了拆解这个拼装游戏，就必须首先移除栓。在许多这样的拼装游戏中，各木块必须以某种特定的顺序归位，按照这种顺序，栓最后插入从而牢固地锁定其他各块的位置。几个世纪以来，数百种结构不同的此类拼装游戏在全世界各地出售，其中大部分的发明者姓名不详（虽然这种拼装游戏的各种变化形式还有数百种尚未上市，但已颁发了专利）。

对于这些拼装游戏的早期历史，我们几乎一无所知，不过"中国拼装游戏"这个名字很可能是一个误称。东亚各国无疑早在18世纪就已在制作这类拼装游戏,欧洲各国也是如此。此外,毫无疑问源自西方的其他各类机械拼装游戏也被称为中国拼装游戏。正如李约瑟①在《中国的科学与文明》第三卷中所写的:"或许欧洲人喜爱用一种令他们感到迷惑的文明来为智力玩具命名。"

中国拼装游戏最少可能只有3块,但是最简单的、值得一提的模型是图8.1中所示的这种广受欢迎的六件套拼装游戏——孔明锁(也称鲁班锁)。在这个组装好的拼装游戏下方所示的这6块部件,是"霍夫曼教授"[刘易斯(Angelo Lewis)的笔名]在他1893年的那本关于机械拼装游戏的书《新老拼装游戏》(*Puzzles Old and New*)中描画的样子。最左边那块没有凹口的长条是栓。在更早一些的1857年,美国首次出版的《魔术师自用书》(*The Magician's Own Book*)这本匿名作品中出现过一种不同的六件套。菲利皮亚克

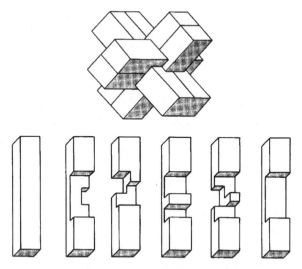

图8.1　一种六件套孔明锁拼装游戏

① 李约瑟(Joseph Needham,1900—1995),英国生物化学家、汉学家和科学史专家。《中国的科学与文明》(*Science and Civilisation in China*)是李约瑟等人编著的一套关于中国的科学技术历史的著作。——译者注

(Anthony S. Filipiak)在《100种拼装游戏：如何制作和拆装它们》(*100 Puzzles: HOW to Make and Solve Them*, A. S. Barnes and Co., 1942)一书中，将这样一个孔明锁组装称为"六件套刺球拼装游戏"，推测起来可能是由于它看上去像是一颗刺球状种子。对于这一类型的所有拼装游戏，通常都使用"孔明锁"这个名字。

六件套孔明锁拼装游戏的制作成品形式很少出现彼此类同的情况。这个事实启发菲利皮亚克想到了几何组合学中一道具有惊人难度的题目。想象将这套拼装游戏中那块没有凹口的栓的中间部分如图8.2中那样分成12个单位立方体。每个立方体的边长都等于这块栓高（或宽）的一半。在标号为2、3、6、7的那几块立方体下方还有另外四块立方体，但是其中只有11和12两块可以在这幅插图中看到。现在，通过规定这12个单位立方体中的哪几个被移除，就可以描述任意一种六件套孔明锁拼装游戏中的每一块组成件。

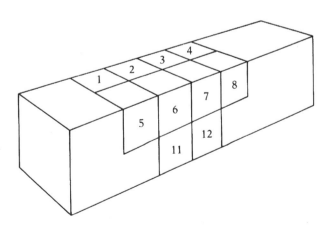

图8.2　一种孔明锁拼装游戏中各组成件的模式

由于每个单位立方体都可以在一拼装游戏的组成件中出现或缺失，因此总共有 2^{12} 种，或者说4096种可能的模式。将这块长条分开成单独几块的那些当然必须淘汰。在剩下的那些组成件中,简单旋转和两端对调可能导致任何一种单一模式的至多8种重复形式。因此对于每一种模式,都可以淘汰7种重复形式。(不对称构形的镜像反射没有排除在外。)最后,有几种模式出于一些机械方面的原因而不会与任何其他模式组合而构成一种互锁结构。这些模式也该被淘汰。在经过以上这些排除过程以后,还剩下多少种构形?换言之,这4096种模式中有多少种可以运用于构造出六件套孔明锁拼装游戏?菲利帕克当时认为有432种。

最近几年,有3位数学家利用一些计算机程序来着手解决这个问题。他们是爱荷华州韦弗利瓦特堡学院的卡特勒(William H. Cutler)、伦敦的麦凯(Robert H. Mackay)和英格兰柴郡的克罗斯(C. Arthur Cross)。卡特勒和克罗斯现在一致认为可用组成件的数量是369。其中有112种可以二次重复使用,2种可以三次重复使用,从而构成一个总共485组成件的集合。这些组成件中有25件被称为“可切割出凹口的”,这是由于它们可以用一台锯床切割而成,并且可以用来制作出没有内部空洞的拼装游戏。排除掉那些(在不通过四维空间的情况下)不可能装配在一起或者拆开的互锁形式,并忽略那些具有内部空洞的结构(因为它们相互组合得不牢固)那么从485组成件的集合中选出6块,结果可以制成多少种截然不同的孔明锁拼装游戏?卡特勒和其他一些人的计算机程序发现,这个数是119 979。

我听说过只有两个地方可以获得一些更加精心制作的孔明锁拼装游戏。在英国的五星公司(Pentangle,地址:Over Wallop, Hants, England S020 8JA)会寄送一份他们的机械拼装游戏系列目录,其中包括数种孔明锁类型的精美木制拼装游戏。一个名为“查克爷爷”(Grandpa Chuck)的游戏有96块。在美国,如果读者将一个贴有邮票并写好回邮地址的商业信封寄给科芬(Stewart T. Coffin,地址:Old Sudbury Road, R.F.D. 1, Lincoln, MA

01773），他就会回寄一本小册子，里面是他与众不同的原创孔明锁拼装游戏系列。他定价很高，因为所有这些拼装游戏都是用硬木手工制作而成的。过去的几年中，科芬发行了一本非经常性的不定期通讯特刊《拼装游戏工艺》(*Puzzle Craft*)，论述机械拼装游戏的历史和构造。

中国拼装游戏不时被制造成与那些熟悉的物体相似的形式：一辆汽车、一把手枪、一艘战舰、一架飞机、一座宝塔、一个桶、一个鸡蛋和各种各样的动物。大多数互锁木制拼装游戏并不是设计用来表示任何东西的，但是它们由于其对称性而常常令人观之愉悦。正是那些有具象形式的模型，通常就审美情趣上而言才是低层次的。这使我想起了贝罗卡尔。据我所知，正是他首先将互锁中国拼装游戏与高雅艺术结合在一起。

贝罗卡尔1933年出生在马拉加的一个西班牙中产阶级家庭。他在马德里大学①学习数学和建筑学，随后又在巴黎和罗马学习艺术，最后定居在意大利维罗纳郊区一个叫内格拉尔的地方。他现在和他第二任妻子克里斯蒂娜公主(Princess Cristina，她是葡萄牙最后一位国王的孙女)一起生活在一座宫殿式的别墅中。他在内格拉尔管理着一家有两百多名员工的铸造厂，那里不仅浇铸他自己的作品，还有许多其他欧洲雕刻家的作品。他曾经说过："我是雕刻家黑手党的首领。"像20世纪最著名的西班牙画家毕加索②和达利③一样，贝罗卡尔也是一位艺术大师，他身上综合了惊人的高产和高明的公共关系以及令人倾倒又傲慢的个性。

我们只有将一件贝罗卡尔的作品拆开再组装，这样数次之后，才可能

---

① 马德里大学是位于西班牙首都马德里的一所综合性大学，也是目前西班牙最大的大学。——译者注

② 毕加索(Pablo Picasso，1881—1973)，西班牙画家、雕塑家，立体主义的创始者之一，作品包括油画、素描、雕塑、拼贴及陶瓷等。——译者注

③ 达利(Salvador Dali，1904—1989)，西班牙画家，以其超现实主义作品而闻名。——译者注

领会贝罗卡尔作品中的那种独一无二的价值组合——视觉美感、触觉愉悦感、幽默感以及三维组合拼装游戏所带来的智力刺激。例如，考察一下图8.3中所示的那两件叠放在一起的贝罗卡尔作品。上面的头像称为《米歇尔肖像》(Portrait de Michèle)，它由17个单独的、形状奇异的零件构成，每个零件都设计成自成一体的抽象雕塑品，并且用手指触摸起来也令人愉悦。身体部分称为《丰满的女士》(La Totoche)，是头像能够装配上去的数件身体之一。它可以被分解成12块。

贝罗卡尔引入了"批量产品"这个术语来表示他对自己的每件作品浇铸而成批生产的那些复制品。他的《米歇尔肖像》这一版次就是一个典型:6个纯金批量产品、500个纯银批量产品和9500个青铜镀镍的。每个复制品

图8.3 《米歇尔肖像》(头部)连接在《丰满的女士》(身体)上

都有编号和签名,并以工程精度得到完美无瑕的精巧制作。在每一件贝罗卡尔的作品中,这些部件都必须以一种特定的顺序被拆开和重新组装。为了拆开《米歇尔肖像》,就必须首先移除颈部的一个零件。中国孔明锁拼装游戏,一旦有几块零件被移除,整套游戏往往就土崩瓦解了,但是贝罗卡尔的作品最后两块在被分开之前还能稳固地结合在一起。在许多情况下,组装好的模型是完全实心的——也就是说没有任何内部空洞——并且直到第n块被移除后才有可能移除第$n+1$块。这些互锁结构是如此精巧,以至于有些时候要稍稍改变其他各部件的位置后,才能取出一个零件。每一件批量产品都附有一本贝罗卡尔绘图的精装本说明书。装配过程的每一阶段都描画在独立的一页上,需要移除部件用颜色表示。最后还有一张等距图,(用透明的形式)展示所有这些零件各就各位后的轮廓。不过,即使在查考这本指导说明书以后,也可能还是要花上好几天时间才能掌握拆开和重新组装好一件贝罗卡尔的作品。

一件贝罗卡尔作品中的零件数量可从3变化到近100。精致细腻的戒指和手镯是许多雕塑中的零件,而这些都是可以佩戴的。例如,米歇尔的眼睛瞳孔是一枚戒指的海蓝宝石。图8.4左侧所显示的裸体躯干雕像《迷你大卫》(mini David)是另一件广受欢迎的贝罗卡尔作品。它的22个零件之一是图8.5上方所显示的那枚戒指。这座躶体躯干雕像的外生殖器就悬挂在这枚戒指的宝石下方。这件作品的整个版次都被售出。包括6件纯金的、500件青铜镀金的和9500件青铜镀镍的批量产品。在镀金的那一组中,这枚戒指的宝石是翡翠;在镀镍的那一组中,这是一枚蓝宝石。贝罗卡尔常常生产一些他作品的"微型"形式,他将其设计成吊坠。一个《微型大卫》(Micro David)包括一根网状箍的戒指和一颗用天青石制成的蓝色心形戒面。一座大型作品的内部结构总是与它所对应的迷你作品完全不同。

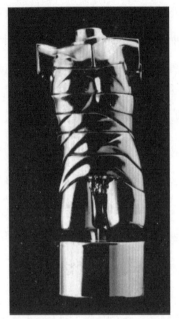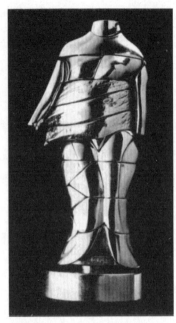

图8.4　《迷你大卫》(左)和《迷你卡里埃蒂德》(右)

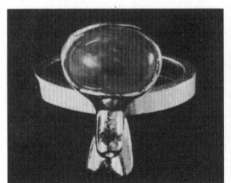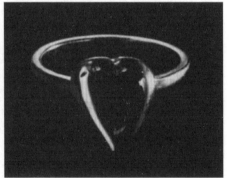

图8.5　《迷你大卫》(左)和《迷你卡里埃蒂德》(右)的戒指

　　图8.6中的《迷你玛利亚》(*Mini Maria*)，只有在按下一条腿上的一个球
轴承时，才能被拆解开。这座雕塑由23块构成。其中之一是一枚镶有月长石
的戒指，它构成了玛利亚的一个乳房。在这座人像的内部有一个男性性器
官，出现在图8.7的左侧，它分解成5个部分，其中有两个是钢珠。在《微型玛

136

利亚》(*Micro Maria*)这件吊坠的对应零件中,有一块极小的海蓝宝石在这个器官的尖端。这块宝石被镶嵌在一根网状箍的戒指上。

另一座斜倚着的人像《迷你佐里埃德》(*Mini Zoriade*)在

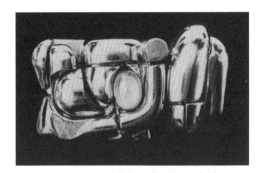

图8.6　贝罗卡尔的《迷你玛利亚》

旋转其一只鞋时打开。佐里埃德的两侧乳房都是一枚戒指上的两块月长石。《迷你卡里埃蒂德》(*Mini Cariatide*)出现在图8.4的右侧。这座人像的阴阜在图8.5右图中出现的那枚金戒环上。

图8.8中显示的《巨人歌利亚》(*Goliath*)是贝罗卡尔最为复杂的作品。图8.9明示了它的全部80个零件。图8.10是一座部分拆解开的《黎塞留河》(*Richelieu*),显示了贝罗卡尔的雕塑在其装配过程中的任何一个阶段,都会是怎样一件令人震惊的抽象雕塑。在《巨人歌利亚》的躯体被完全装配起来以后,它用于遮羞的那片无花果树叶可以旋转过来而露出外生殖器。实际

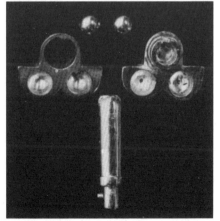

图8.7　《迷你玛利亚》的一个内部元件及其五个组成部分

137

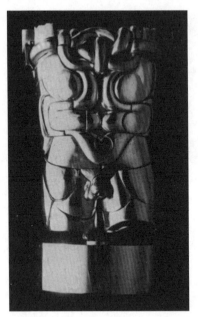

图8.8 米格尔·贝罗卡尔的《巨人歌利亚》

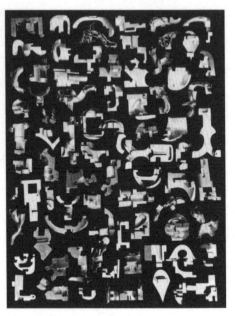

图8.9 《巨人歌利亚》的80块部件

上有两个代表生殖器的零件,一个是割除过包皮的,另一个则没有,而躯体可以装配得使其中的任何一个暴露。

贝罗卡尔为罗密欧与朱丽叶所制的灵柩出现在图8.11中,图中还有一件较早期的16件套作品,描述的是这对命运多舛的恋人正在缠绵之中。在这对爱侣的内部还隐藏着意想不到的内容,这应该在一本性爱指南中描述更为适宜。灵柩则甚至更加令人吃惊。它可拆分成

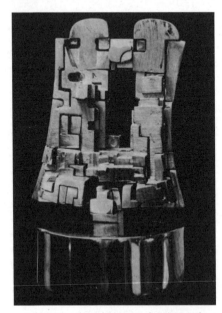

图8.10 部分拆解开的《黎塞留河》

84块，而这些零件又可以重新装配，构成供两人使用的两套完整餐具：23件银器、4个酒杯、4个烛台、4个烟灰缸、一枚男士用硕大宴会戒指、一枚女士用硕大宴会戒指和一个比该灵柩更大的火锅。

图8.12中所示的《哥伦比亚喷气式飞机》（*Columbia Jet*）是受西班牙伊比利亚航空公司委托为其主管们制作的一件礼品。这只鸟是毕加索的和平鸽。鸽子的身体是一把大水壶，在提起一个把手时水从

图8.11　一座罗密欧与朱丽叶的雕塑，放在另一座示意他们的灵柩的雕塑之上

鸟喙处流出。华美的基座是一个饮用玻璃杯。展开这只鸽子的翅膀，起落架就会从两个翅膀的尖端降下。还有一件有用的贝罗卡尔作品是《帕洛玛盒》（*Paloma Box*），这座雕塑的高和宽大约都是1英尺，打开后形成一个珠宝盒，它有16个内衬毛毡垫的抽屉。有一面圆形的镜子可以升起来，打开后露

图8.12　贝罗卡尔的《哥伦比亚喷气式飞机》

出毕加索之女帕洛玛的头像雕塑。构成头部的各零件包括两个手镯和两根腰带。图8.13中显示的是贝罗卡尔的《马》（*Il Cavallo*），它具有各种各样的可弯曲性。这是一匹14件套的马，它4条腿的铰接方式使它能够呈现各种不同的姿态。

图8.13 贝罗卡尔的《马》

我只描述了贝罗卡尔作品中的一小部分。他最大的雕塑是《向毕加索致敬》(Homage to Picasso),它有18英尺长、18吨重。这件雕塑现在在马拉加毕加索花园永久展出。有一件微型青铜版是由20块零件构成的,用20块小磁石将它们互锁在一起。另一件大型雕塑在马德里,贝罗卡尔用它来向好朋友达利致敬。后来又制作了一个微型青铜版,称为《达利式谵妄》(Dalirium Tremens)。

除了吊坠以外,在贝罗卡尔的任何一件作品中都完全没有螺钉或螺栓。这些吊坠是用一个关键零件拧入而悬挂起来的,以防止吊坠意外地从链子上掉下来。所有金的和纯银的迷你批量产品都有这样一些关键零件,它们用一把普通钥匙锁定就位,因此在没有主人合作的情况下,这件雕塑就无法被拆解开。

让我在你提出一种异议前先说一下。你也许会问,像中国拼装游戏那样,将一件雕塑拆开,再重新组装到一起,这种乐趣与艺术有何关系呢?从某种意义上来说,此问题的答案是"毫无关系",不过这并不是故事的全部。艺术带来的视觉之美总是以无数种方式化合成其他一些价值:裸体所激发的性冲动;山水风景、海洋景色以及亲人的照片所唤起的多愁善感;政治和宗教艺术带来的华丽辞藻;教科书插图的教谕价值;漫画艺术的幽默诙谐;具有设计美感的椅子、床和沙发所提供的身体舒适感;桌子、花瓶、瓶瓶罐罐、茶杯碗碟、银质餐具、汽车、房屋、被子、轮船、手表、工具,等等功用。贝罗卡尔独一无二的成就在于,他将视觉和触觉的愉悦同把玩一件机械拼装游戏的智力活动结合在了一起。如果你不喜欢这一独特的融合，那么贝罗卡尔的作品就不适合你。

在奥兹国的奎德林地区[在《奥兹国的翡翠城》(The Emerald City of Oz)中有描述]，拼图城中居住着一个离奇的、被称为拼图人的种族。每个拼图人都由数百块上过颜色的、形状奇怪的木块拼成，这些木块就像三维拼图游戏那样组合在一起。每当有一位来访者靠近时，拼图人就稀里哗啦地散落成一大堆分离的碎木块，于是这位来访者就会享有将他/她重新组装起来的乐趣。

多萝西的阿姨埃姆遇见这些拼图人时说道："这些无疑是奇怪的人，不过我真的一点都看不出他们究竟有什么用处。"

巫师回答道："哎呀，他们为我们提供了好几个小时的消遣。这就是对于我们的用处，我对此确信不疑。"

亨利叔叔又补充道："我相信他们比玩单人纸牌或掷刀游戏①更有乐趣。就我而言，我感到很高兴我们拜访了这些拼图人。"

补 遗

对于孔明锁拼装游戏的119 979种可能套件的完整描述，请参见卡特勒的文章。关于他的可以用六件套集合制成的孔明锁拼装游戏以及各种拼装游戏的那些计算机程序，你可以写信给他，寄到他目前的地址：405 Balsam Lane, Palantine, IL 60067。有一种特别刁钻的形式被他称为"比尔的棘手孔明锁"，杜德尼(A. K. Dewdney)在他的《科学美国人》专栏中描述了这种形式。在作为

---

① 掷刀游戏是一种古老的儿童游戏，使掷出的刀子在地上成竖立状态，输的人要用牙齿将刀从地上拔出来。这种游戏从17世纪就开始流行，但是，由于安全性问题，现在已很少有人玩。——译者注

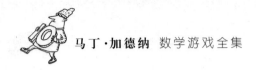

栓的那一块被移除之前,需要移动4次零件。杜德尼向他的读者们提出的挑战是:构建一个二维的类似拼装游戏,随后他把收到的最好的一个刊登在他1986年1月的专栏里。

1980年,制造拼装游戏的英国五星公司引进了克罗斯设计的"克罗斯中国拼装游戏"。这是一套盒装的42件桃花心木套件,其中带有操作指南,说明如何制作314种各不相同的六件套孔明锁拼装游戏。

第 9 章

西歇尔曼骰子、克鲁斯卡尔

计数和其他一些奇异事物

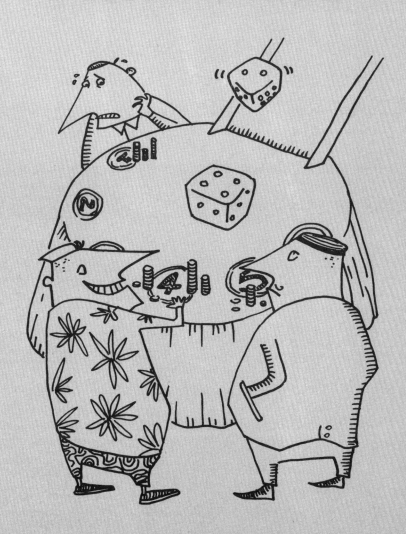

在我们熟悉的那些游戏所使用的装备——骰子、棋子、棋盘、纸牌等——总是趣味数学题目的一个丰富来源。这里有此类题目的几个最近的例子,选择它们的原因是其多样性和优雅。大多数问题都在此处都有解,但是我将其中一个问题的解答推迟,暂不吐露,到答案部分再给出。

我会从骰子开始。是否有可能用一种完全不同于标准骰子的编号方式来为一对立方体的各面进行编号,从而使得这两枚立方体能够用于任何掷骰子游戏,并且所有的胜败概率都与使用标准骰子时完全相同?

据我所知,水牛城的西歇尔曼(George Scherman)上校是第一个提出并解决这个问题的。答案是肯定的,如果我们假设每个面都必须标注一个正整数的话,那么图9.1中所示的这对奇异的骰子表明了可以做到此事的唯一方式。每一粒骰子上的6个数字如何排列无关紧要。按照西歇尔曼放置这些数字的方式,左边这粒骰子上的各相对面数字之和为5,而右边这粒骰子的各相对面数字之和为9。

图9.2的左边是一个我们熟悉的矩阵,表示了一对标准骰子可能构成的总和——从2至12的所有方式。共有36种组合方式。如果要确定掷出某一总和为 n 的概率,就数出这张表格中出现的 n 个数,然后再除以36。例如,表中有3个4,于是掷出一个4的概率就是3/36,或者说是1/12。西歇尔

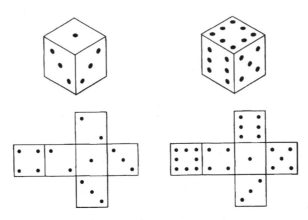

图9.1 西歇尔曼骰子

曼骰子的对应表格显示在这幅插图的右边。它证明了每个总和的出现概率恰好与普通骰子相同。赌场中可以在掷双骰赌桌上使用西歇尔曼骰子，而不必更改其任何一条赌博规则，也不必改变抽头(赌场抽取的百分比)，不过要说服顾客们相信这些概率都没有发生改变，可能会有困难。

为了表明没有任何其他方式能用正整数构造出这样的一张表格，就需要花费一点功夫，对此我不会再深入讨论了。西歇尔曼还发现，要重新设计由3枚或更多枚构成的一组骰子，在不用到他的两粒骰子的情况下，使这

	⚀	⚁	⚂	⚃	⚄	⚅
⚀	2	3	4	5	6	7
⚁	3	4	5	6	7	8
⚂	4	5	6	7	8	9
⚃	5	6	7	8	9	10
⚄	6	7	8	9	10	11
⚅	7	8	9	10	11	12

	⚀	⚁	⚂	⚃	⚄	⚅
⚀	2	3	3	4	4	5
⚁	4	5	5	6	6	7
⚂	5	6	6	7	7	8
⚃	6	7	7	8	8	9
⚄	7	8	8	9	9	10
⚅	9	10	10	11	11	12

图9.2 标准骰子(左)和西歇尔曼骰子(右)的可能性

146

组骰子具有与普通骰子相同的概率,这也是不可能做到的。例如,西歇尔曼的这对骰子再加上一枚传统骰子,就会具有与3枚普通骰子相同的概率,两对西歇尔曼骰子的行为就如同4枚普通骰子等。

在西方所用的骰子上,数字排列的标准方式(各相对两面数字之和为7,并且1、2、3绕着一个顶角逆时针排列)出现在许多谜题和魔术把戏中,甚至在数字命理学中也略有涉及。一粒骰子每个面的4条边代表4个季节。这个立方体的12条边表示12个月份。一粒骰子上有3对数字相加之和等于7,即一个星期中的天数。如果将7×7×7与7+7+7相加,那么得到的总和就是343+21,或者说364。再加上骰子本身表示1,结果就给出365,即一年中的天数。

我们可以手持一粒骰子,使它的1面、2面或3面可见。是否有可能以各种不同的方式来转动这粒骰子,从而使得看得见的几个数相加之和分别等于从1到15的每个数字?奇妙的是,只有不吉利的13是看不到的。将13乘以4(表示一个面的四个角)得出52,即一年中的星期数和一副牌中的张数。

新泽西的魔术师、作家和计算机科学家弗尔沃斯(Karl Fulves)最近基于骰子上的数字排列方式,发明了一种与众不同的超感官知觉把戏。这位魔术师递给某人(参与者)一粒骰子,转过身后给出下列指示。要求一位参与者将这粒骰子摆放在桌子上,任意面朝上均可。如果顶端的那个数是偶数,那么他就必须将这粒骰子向东(即向他的右边)作一次直角翻转。如果顶端的那个数是奇数,那么他就必须将这粒骰子向北(即远离他自己的方向)作一次直角翻转。这个过程连续重复进行,期间总是遵循这样一条规则:顶面为偶数时向东翻转,奇数时向北翻转。参与者每次翻转这粒骰子时,他都大声说道:"翻转。"当然,他不会透露开始的那个数,也不会透露随

后的任何一个顶端数字。

在翻转几次以后，魔术师告诉这位参与者，一旦顶端出现1就停止翻转。随后又要求这位参与者再（遵照那条规则）追加翻动一次，接下去全神贯注地注意此时被翻到顶端的那个数字。看起来好像这个数会是四种可能性中的任意一种。然而，这位魔术师在仍然背过身的情况下，就说出了这个数字。

做一点小小的实验，就能揭示其中的奥秘。至多3次翻转之后，这粒骰子就进入了下列循环：1-4-5-6-3-2，1-4-5-6-3-2，…因此紧跟在1后面的数总是4。在翻动三次以后，再告诉参与者在顶端出现1时停止，那就总是安全无虞了。除了起始位置是6向上、5面向参与者这一情况以外，只翻动两次后也就安全了。

接下去这道组合论题目是数年前瑞典的林德斯泰特（Christer Lindstedt）寄给我的。想象一个由27枚标准骰子构成的3×3×3的立方体。在这样一个构型中，面贴面的数字共有54对。将每对数字相乘，然后将这54个乘积相加。通过适当排列这些骰子所能得到的最小和是多少？最大和是多少？这两个问题的答案，我都不知道，而且我也看不出有任何好的办法，可以在不用计算机的情况下找到它们的答案。甚至对由8粒骰子构成的立方体，我也不能确定这两个最大和最小相加之和。我得到过的最佳结果是306和40。

这里有一道鲜为人知的、由国际象棋走法给出的问题，其中有一种特殊情况提供了一道巧妙的谜题，虽然一般情况仍悬而未决。是否可以将5枚同种颜色的后和3枚另一种颜色的后放置在一个5×5的棋盘上，结果使得一种颜色的任何一枚后都攻击不了另一种颜色的一枚后？你可以在纸上画出这张棋盘的草图，用卒或者硬币来当作这些后。出乎意料的是，只存在一种解答(不计旋转和反射)。

在同样的一张5阶棋盘上(即每边有五个棋格的棋盘),不可能放置5枚后使得3格以上的棋格能免受攻击,或者放置3枚后使得5格以上的棋格能免受攻击。这个事实使人想到一道更具一般性的题目。给定一张n阶的棋盘和k枚同色的后,通过适当排布,能够产生的不遭受攻击的最大棋格数是多少? 当然,可以将另一种颜色的各枚后都放置在不受攻击的棋格内,于是这道题目就等同于寻求例如这样一个问题的答案:例如说,将数枚白色后与k枚黑色后共同放置在一张n阶棋盘上,结果使得一种颜色的任何一枚后都攻击不了另一种颜色的一枚后,满足此要求的最大白色后数是多少?

这道一般性题目对于1阶和2阶棋盘而言都是毫无意义的。并且很容易看出,在3阶棋盘上,可以将一枚王后放置在一个角落或边缘的棋格中,于是就留下至多两个不受攻击的棋格。当n等于4时,这道题目开始变得有趣起来。对于高于5阶的棋盘上的k枚后,我们还不知道是否存在一些唯一的模式,而为这种一般性的题目找到一个公式即使未至于不可能,但看起来也困难重重。

涉及马的走法的经典国际象棋题目有几十道之多。在我的《骰子与棋盘上的马》(*Mathematical Magic Show*)一书的第4章中给出了其中几道。金(Scott Kim)提出了以下这项要去完成的马的任务,这是我以前从未见过的:是否可以将16枚马以某种方式放置在标准国际象棋盘上,从而每枚马都恰好攻击另外4枚? 图9.3中展示了这种具有优美对称性的解答。其中这些黑色直线表明了所有攻击方式,它们构成了超立方体框架的一种平面投影。

1977年,科罗拉多大学的数学家梅切尔斯基(Jan Mycielski)写信来询

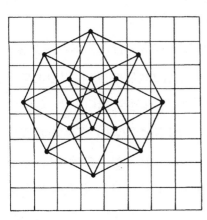

图9.3 金的那道关于马的题目的超立方体解答

问,他的同事拉韦尔(Richard J. Laver)提出的以下这道题目是否新颖。是否能够将一个由等尺寸正方形构成的有限集合以某种方式画在平面上,从而使得每个正方形的每个顶角同时也至少是另一个正方形的一个顶角?这些正方形可以相互重叠。梅切尔斯基发现了可以解答此题的一个由576个正方形的集合,他很想知道这个数是否还能减小。此后不久,他报告说有另一位同事发现了一个用40个正方形的解答,再后来又有另两位同事分别独立地将这个数字降低到了12(见图9.4)。最后,该校的计算机教授埃伦托伊希特(Andrzej Ehren-

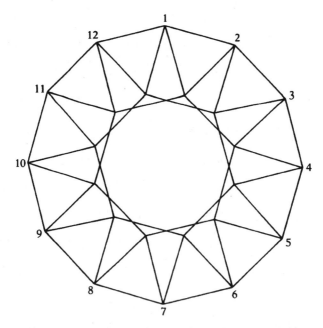

图9.4 拉韦尔那道题目的一种用12个正方形的解答

feucht）发现了一个用8个正方形的解答。

我对金提到这道题目，但没有提及上述任何一种解答。他令我震惊地立即说道："可以用8个正方形来做到。"他无疑是记起了他的那道16枚马的题目，因而用8个正方形解答了拉韦尔的这道题目。小于8的解答肯定不存在，不过我证明不了这一点。在三维的情况下，这道题目可以用3个正方形来解答。在平面上，可以用某种方式排布6个全同的等边三角形，结果使得每个顶角都属于两个三角形，但没有任何一条边同时属于两个三角形（见图9.5）。这种解答是一种被称为"三角双棱镜"的四维多胞形在平面上的投影。

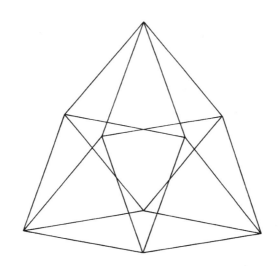

图9.5　一种四维多胞形的投影解答了一道三角形题目

西尔弗曼（David L. Silverman）是《该你走了》（*Your Move*，这部杰出的合集收集了那些以游戏为基础的智力问题）一书的作者，他发明了一种新颖的棋盘游戏。这种游戏没有收录在他的书中，其中采用一枚通常被称为"女战士"的非标准国际象棋棋子。女战士结合了后和马的走法。这种游戏在一张标准国际象棋棋盘上用两枚女战士和一定数量的筹码来玩。可以用后来充当女战士，不过很重要的一点是要记住，每一枚这样的棋子同时也具有马的走法。

白方开局，方式是将他的女战士放置在任何棋格中。黑方随后将他的女战士放置在任何不受攻击的棋格中。从此开始，两位玩家轮流出招：每一位玩家把他的女战士搬动到免受另一女战士攻击的任何棋格中去。女战士不会像后或者马那样移动。只是简单地将它拿起来，并放置在任何一个不受威胁的棋格中。在搬动以后，就将一枚筹码，比如说一枚分币，放置在那个腾出来的棋格中。放有一枚筹码的棋格就“死”了（自此以后任何一枚女战士都不能再占据它），但是这枚筹码不阻挡任何攻击。随着游戏继续进行，这些棋格慢慢被分币填满，直至最终对弈的一方无法再为他的女战士找到一个安全的落脚点。最后搬动的一方获胜。

假如是在一张5阶棋盘上玩西尔弗曼的女战士游戏，那么首先出招的一方只要占据中心方格，就立即胜出了。由于所有棋格都处于攻击之下，因此其次出招的一方甚至无法将他的女战士放置在棋盘上。在标准国际象棋盘上，其次出招的一方总是可以通过西尔弗曼的那种巧妙地配对策略而获胜。他在心里将这张棋盘划分成4个8×2的矩形，并将每个矩形中的棋格按照图9.6所示的方式编号（从1到8的每个数都在每个矩形中出现两次）。在白方每次出招后，黑方只要占据与白方所占据的那个棋格在同一矩形中并具有相同编号的那个棋格。这种游戏是一个极好的例子，说

1	2	3	4	5	6	7	8
5	6	7	8	1	2	3	4
1	2	3	4	5	6	7	8
5	6	7	8	1	2	3	4
1	2	3	4	5	6	7	8
5	6	7	8	1	2	3	4
1	2	3	4	5	6	7	8
5	6	7	8	1	2	3	4

图9.6 女战士游戏的一种配对策略

明了一种平凡无奇的配对策略所具有的非凡力量,竟能赢得一种看起来相当难以分析的游戏。这种配对策略显然适用于任何高于4阶的偶数阶棋盘,并且也很容易设计出一些稍复杂些的配对模式,结果能使得先出招的一方在所有高于5阶的奇数阶棋盘上获胜。

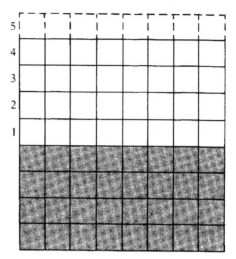

图9.7　康韦的西洋跳棋问题

亨斯贝尔格(Ross Honsberger)的《数学瑰宝Ⅱ》(*Mathematical Gems Ⅱ*, Mathematical Association of America, 1976)与他早先的第一部合集同样令人振奋,其中首次公开了剑桥大学数学家康韦[①]发现的、在西洋跳棋中的一个非凡结论。想象有一张标准西洋跳棋棋盘按照图9.7中所示的那样分成两半。下半部分画有阴影,未画阴影那一半的各行从1至4编号(自下而上)。现在想象有第5行就位于上边缘之外。如果有一枚棋子跳出这条边界,就认为它是跳进了第5行。

所有的跳跃都必须是正交的,也就是说必须是水平的和竖直的,而不能是对角的。如同在西洋跳棋中一样,被跳过的那些棋子被移除。这里的问题是要确定在棋盘上带有阴影的那一半中最少能够放置多少枚棋子,才能使一枚跳棋在经过一系列跳跃后位于第 n 行。

显而易见,要使一枚棋子跳到第一行,所需要的最少棋子数量是2。它

---

①　康韦(John Horton Conway,1937—2020),英国数学家,主要研究领域包括有限群论、趣味数学、纽结理论、数论、组合博弈论和编码学等。——译者注

们按图9.8中左上方所示的方式摆放,并且只要跳一次即可达到目的。要跳到第2行,所需的最少棋子数目是4。它们可以摆放成图9.8右上方所示的样子。最下面的那枚棋子跳到第1行,然后最左边的那枚棋子连跳两步,终止于第2行。要跳到第3行,必须将8枚棋子摆放成如图9.8左下方所示的初始位置。到目前为止,这些最小数成一倍增数列,不过要跳到第4行,这个数列就被打断了。此时至少需要20枚。它们可以排布成图9.8右下方所示的样子。图中的各箭头显示这些跳跃如何开始,而要找到一种方法继续下去,从而最终使一枚棋子跳到第4行,应该也不甚困难。

如果要跳到第5行,也就是说使一枚棋子跳出棋盘,那么需要多少枚棋子?令人惊讶的是,无论在这些打阴影的棋格中如何排布棋子,都无法使

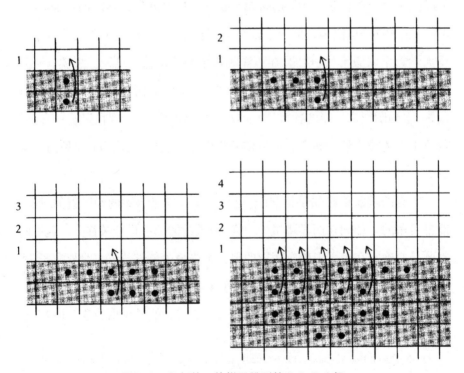

图9.8 如何使一枚棋子跳到第1、2、3、4行

一枚棋子跳到第5行。实际情形的无望程度更甚于此。无论阴影部分如何向下、向左、向右扩展，都没有任何一种棋子排布模式能将一枚棋子推入第五行，不管这种模式有多大。对此有兴趣的读者们可参见亨斯贝尔格那本书的第3章，其中详细给出了康韦的那种独树一帜的不可能性证明。

转而来讨论纸牌游戏。基于各种数学原理的新谜题和魔术有那么多，而我们的篇幅只能容纳其中一例，这真是令人不快。几年前，普林斯顿大学的物理学家克鲁斯卡尔作出了一项不平常的发现，现在纸牌魔术师们称之为克鲁斯卡尔原理或克鲁斯卡尔计数。

解释这项原理的最佳方式，是借助于描述克鲁斯卡尔首先应用此原理的那种纸牌魔术。魔术的参与者将一副牌洗乱，然后心里想着从1到10中的一个数。他慢慢地从最上方开始发牌，将每张牌都正面朝上放成一堆。在他发牌的时候心中默默计数，数到刚才选择的那个数时，记下所发那张牌的点数。

假设他心想的数是7，而第7张牌是一张5。他在发牌过程中不显示出任何迟疑，心中将下一张牌默许为1，并且在接下去发牌时默默地从1数到5。假设第5张牌是10。同先前一样，接下去一张牌被默称为1，接下去发牌时，他默默地从1数到10。这个过程不断重复，直到52张牌全都被发完为止。每次计数最终的那张牌确定了下次计数值达到多高，这些牌被称为"关键牌"。这位魔术师的参与者必须记住这串计数链的最后一张关键牌。它是通过这个随机计数过程而被选择出来的"选中的牌"。

当然，这个最终计数不太可能在第52张牌时终结。更有可能出现的情况是，最后一轮计数会不可能完成。魔术师告诫他的参与者，要缓慢地、以有规律的节奏发牌，从而在发牌过程中不出现任何会泄露这些关键牌的犹豫之处。如果最终计数无法完成，那么他仍然必须记住最后一张关键牌，不过为了不泄露天机,他必须继续发牌直至最后。

　　魔术师解释道,为了使计数过程更简单,所有人头牌的值都定为5。这样,如果一轮计数终结于,比如说,一个Q,那么下一轮就不是计数到12,而是计数到5。为了将这个过程解释清楚,图9.9中显示了一条典型计数链,其中标明了所有关键牌的值。参与者从心想4开始。他所记住的那张选中的牌是红桃J。它的值为5,但是由于它后面只有3张牌,因此最后一轮计数就不能完成。显而易见,用一副洗过的牌所演示的这个过程,可能会选中最后10张牌中的任何一张。

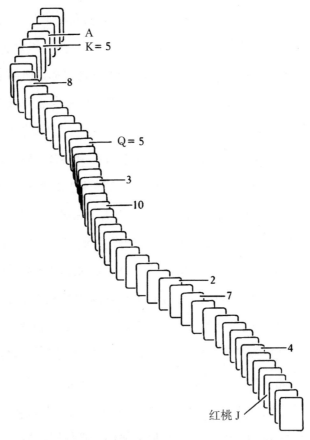

图9.9　一种基于克鲁斯卡尔原理的魔术的典型计数链

在计数过程结束,并且这位参与者心里默记了他选中的那张牌后,魔术师接过这副牌,从最后10张中选出一张,并将它正面朝下放在桌上。然后这位参与者说出他的那张牌。魔术师的牌被翻开,而它很可能就是那张选中的牌。

克鲁斯卡尔戏法几乎与所有其他戏法(魔术师用来正确找出一张预选的牌)都有所不同,为了强调它的奇异方式,我将"很可能"这个词用斜体来表示。克鲁斯卡尔这套戏法的正确概率大约是5/6。

现在来谈谈其中奇妙的奥秘所在。在这位参与者发牌时,魔术师在前几张发出的牌中记下任何一张面值相当低的牌。他将这张牌当作一条计数链的第一张关键牌,这是在参与者计算他自己那条计数链时,魔术师自己在内心默默计算的一条计数链。克鲁斯卡尔有悖直觉地发现大约有5/6的概率,魔术师那条计数链中的最后一张关键牌会与参与者的那条计数链中的最后一张牌相同!换言之,两条起始任意的计数链会有5/6的概率在一张关键牌处发生交汇。一旦发生这种情况,这两条计数链就会从这一点开始完全相同。

将人头牌的值定为5,这就增大了平均计数链中关键牌的数量,从而也增加了交汇发生的概率。魔术师从前几张牌中的一张低面值牌(而不是从1到10中选取任意一个数)开始他的计数,结果就在他的计数链中略微增大了可能的关键牌数量。这样做又将成功概率提升了一点点。如果将两副牌洗在一起来玩这个戏法,那么失败的可能性就微乎其微了。

克鲁斯卡尔这种戏法的最佳变化形式之一来自伦敦的恩菲尔德(Cy Endfield)。他的戏法首先是按照我描述的方式来进行的,并呈现为一种心灵感应的技艺表演形式。当魔术师移除那张(很可能)被选中的牌时,他记下直接处在它下方的那张牌。如果那张牌面值足够低从而可以开始另一轮计数的话，他就继续默默地暗自计数，并记住最后一张关键牌。被移除的那张牌不归还到整副牌中。

随后魔术师将这副51张的牌（不经过洗牌）递给参与者，并请他用一个不同的起始数来重复这个戏法。魔术师说道："这一次，我会设法用预知的方式来说出你的那张牌。"他在一张纸上写出一个预言，再把这张纸折叠起来放在一边。当然，他所写的就是他记忆中的那张牌。由于这副牌的结构没有被改变，因此这很有可能（同样也大约是5/6的猜对概率）就是第二张选中的牌。

对一台计算机进行编程，而让它扮演通灵人的角色，也有可能做到。52张打孔卡片上会标明这些纸牌的名称。参与者洗牌，按照克鲁斯卡尔计数选择出一张牌，并将这副牌反馈给计算机。计算机经过编程而猜测出这张牌，并同时记在这套戏法重复进行时最有可能被选中的那张牌。如果第一个猜测是正确的，那么被选中的那张牌就从计算机的那副牌中被移除，然后用一个新的起始数来再次进行这个戏法。这一次，计算机不经过检验这副牌，就能打印出这张牌的名称。

就算是一台计算机也不会一贯正确，不过这个戏法时而不成功，这个事实却使它更加令人印象深刻。当盖勒几年前在约翰尼·卡森秀上失手时（从前当过魔术师的卡森在开机拍摄前仔细守护着那些试验材料），格里芬宣称这次失败向他证明了盖勒的超能力是货真价实的[①]。格里芬解释说，魔术师的把戏总是成功的。我们都知道"超能力"是如何来去倏忽。一个通灵的机器人为何就一定会比一个人类更善于掌握神力呢？

---

① 盖勒（Uri Geller，1946— ），以色列魔术师。卡森（Johnny Carson，1925—2005），美国电视节目主持人，约翰尼·卡森秀是1955—1956年播出的一档时长半小时的黄金时间综艺节目。格里芬（Merv Griffin，1925—2007），美国电视节目主持人、音乐家、演员和媒体大亨。——译者注

补 遗

我说过，西歇尔曼骰子可以用于任何一种掷骰子游戏中，而不会改变胜败概率，不过事实并非如此。古德曼（Gary Goodman）指出，例如在西洋双陆棋中，连掷两次同样点数被当做特殊情况看待。西歇尔曼骰子连续掷出两次同样点数的概率与标准骰子并不相同，甚至不可能用它连续掷出两次2。方肯布什写信来说，即使是在赌场的掷双骰子赌桌上，西歇尔曼骰子也不能用于一些附加赌，比如能以"同数骰子"相加得到某一特定总和——即两粒骰子上的数完全相同，就能获得附加赌注时的那些情况。4和10这两种同数骰子赌局显然是根本无法进行的。

有许多读者寄来了关于西歇尔曼骰子唯一性的代数证明，这些证明本质上都与西歇尔曼的证明相同——即通过生成一些多项式及其唯一因式分解。有两篇已发表的论文将西歇尔曼的发现推广到k粒骰子，其中每粒骰子都有m个面。这些推广的骰子可以用柏拉图多面体[①]、有m个面的滚筒、有m个数的旋转指针或者有m个球的罐子来模拟。请参见布洛林（Duane Broline）发表在《数学杂志》（1979年第52卷，第312—315页）上的《骰子各面的重新编号》一文和加里安（Joseph Gallian）发表在《离散数学》（*Discrete Mathematics*，1979年第27卷，第245—259页）上的《割圆多项式和非标准骰子》一文。稍后发现的一些本质上相同的结论，请参见罗伯森（Lewis Robertson）、肖特（Rae Shortt）和兰德里（Stephen Landry）发表在《美国数学月刊》（1988年第95卷，第316—328页）上的《具有公平总和的骰子》一文。

是否能够将一对骰子用正整数重新编号，从而使它们掷出的每对可能的

---

① 柏拉图多面体即正多面体，包括正四面体、立方体、正八面体、正十二面体和正二十面体。这些正多面体是以古希腊哲学家柏拉图（Plato，约公元前427年—前347年）的名字来命名的。——译者注

数字之和都具有相等的概率？这个问题也只有一种解答。请参见我的《骰子与棋盘上的马》中关于骰子的那一章。弗尔沃斯的骰子戏法收录在他私人印刷的《法罗牌的各种可能性》（*Farco Possiblities*，1970，第33—34页）一书中，紧接其后的是一个相似但更为复杂的骰子戏法，其中包含一个由24个步骤构成的循环。

关于那道排布正方形的题目，结果要使每个正方形的每个顶角同时也至少是另一个正方形的一个顶角，我说过我不知道有任何方法能证明8个正方形就是最小值。德国的谢雷尔（Karl Scherer）提供了一种冗长的证明。这道题目推广为在任意维数空间中排布 n 边形，有数位读者寄来与此有关的信件。这种推广突然进入了更高维空间中的多胞形的那些迷人结构。其投影解决了三角形排布问题的那个多胞形，属于被称为"海森多面体"的一类。它们在考克斯特的经典著作《规则复多胞形》（*Regular Complex Polytopes*）中有所讨论，我们很愉快地看到此书现在已有了多佛（Dover）出版社的平装本。

莱文（Eugene Levine）和帕皮克（Ira Papick）发表在《数学杂志》（第52卷，1979年9月，第227—231页）上的《在三维中跳棋》一文中将康韦的跳棋定理推广到了三维空间。这两位作者证明，一枚西洋跳棋棋子不可能在立方体棋盘上跳到7层以上。

对于以克鲁斯卡尔原理为基础的那些戏法有兴趣的纸牌魔术师们，会在以下两本魔术期刊中找到有关资料：弗尔沃斯和我本人发表在《护柩者评论》（*The Pallbearers Review*，1975年6月）上的《克鲁斯卡尔原理》，以及哈德森（Charles Hudson）为《连环》（*The Linking Ring*，1976年12月，第82—87页）撰写的"纸牌角"专栏，其中包含了来自芝加哥纸牌专家马洛（Ed Marlo）的各种想法。同一个专栏（1957年12月和1978年3月）中还讨论过基于所谓"克劳斯原理"的一些相关纸牌戏法。

在重新阅读《他的最后一次鞠躬》（*His Last Bow*）一书中的福尔摩斯探案故

事"弗朗西斯·卡法克斯女士的失踪"时,我震惊地意外读到福尔摩斯的评论,似乎是预料到了克鲁斯卡尔计数:"华生,当你循着两条分离的思维链思考时,你就会发现某个交叉点——此时应该接近于真相了。"

答 案

那道8粒骰子的题目是要将它们组合起来构成一个立方体,从而12对相互接触的表面给出的12个乘积相加之和为(1)最小值、(2)最大值。我的40和306这两个数字是正确的。方肯布什(William Funkenbush)指出,当这些骰子中有四枚与标准骰子成镜像(正如日本的骰子那样),最小值仍然是40,但最大值却上升到了308。最小值和最大值的解答方式都明示在图9.10中。

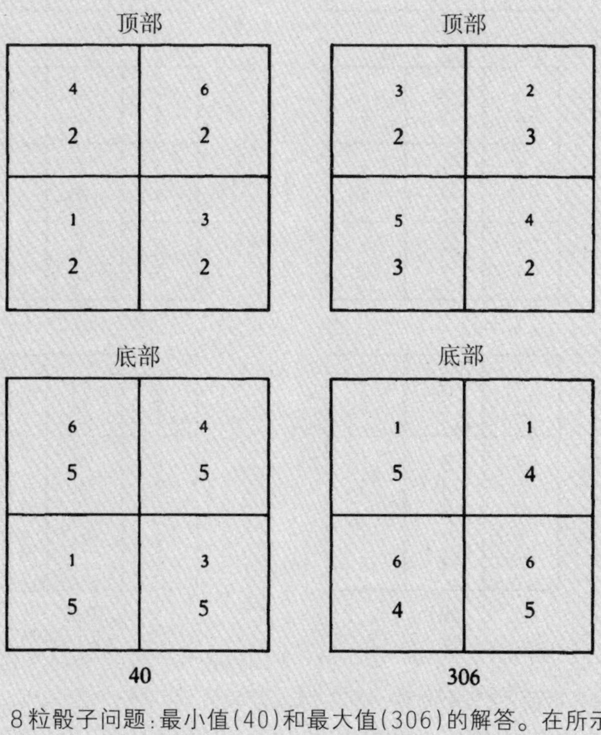

图9.10 8粒骰子问题:最小值(40)和最大值(306)的解答。在所示的每一个正方形中,较大的数字是在顶面上,较小的数字是在朝北的面上。

同样这道题目,如果用27粒骰子的话,则最小值和最大值的答案分别是294和1028。这两种解答方式都明示在图9.11中。除了中心骰子的两种可能朝向以外,给出最小值的排布是唯一的。杰克曼(Kenneth Jackman)第一个解决了这项艰巨的求解,随后是洛波(Leonard Lopow)、范德舍尔(David Vanderschel)、卡斯伯顿

顶层

6/5	5/6	4/5
5/4	2/6	3/6
3/5	1/4	1/5

2/1	2/1	3/1
4/1	2/1	2/3
4/1	6/2	6/3

中间层

5/4	6/5	6/4
3/1	6/4	4/5
1/4	2/1	2/4

2/4	1/4	1/4
2/4	2/6	4/2
6/4	6/2	6/3

底层

4/2	6/3	6/2
3/1	4/1	5/3
1/2	2/1	3/2

1/5	1/5	3/5
4/5	5/4	2/6
4/5	4/6	6/5

294　　　　　　　　　　1028

图9.11 27粒骰子问题:最小值(294)和最大值(1028)的解答。较大的数字是在顶面上,较小的数字是在朝北的面上。

162

（Alan Cuthberton）和史蒂文斯（Paul Stevens）。洛波和范德舍尔是在没有利用计算机协助的情况下解答这道题目的。

那项5阶棋盘上的国际象棋问题具有图9.12中所示的唯一解（旋转和反射当然要排除在外）。在1972年的一期关于国际象棋趣题的专栏里，我曾以一种稍有不同的形式提出过这道题目，并转载在我的《车轮、生命和其他数学消遣》一书中。在那一章的补遗中，我讨论了具有一般性的题目：将k枚后放置在n阶国际象棋盘上，从而使不受攻击的棋格数量达到最大。这种类型的一般性题目尚未得到解答，不过贝尔实验室的格罗姆和金芳蓉还在继续研究，他们希望最终会发表一些令人惊讶的结果。

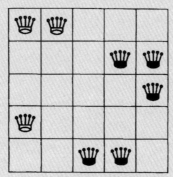

图9.12　国际象棋任务的解答

第10章
斯穆里安的逻辑谜题

我现在来介绍斯穆里安教授，他会向你们证明，要么他不存在，要么你不存在，但是你不会知道是哪种情况。

——菲廷（Melvin Fitting）① 在向一个本科生数学俱乐部介绍斯穆里安时所说的话

---

① 斯穆里安（Raymond Smullyan，1919—　），美国数学家、钢琴演奏家、道教哲学家和魔术师。梅尔文·菲廷（Melvin Fitting，1942—　），美国逻辑学家，主要研究兴趣是哲学逻辑和画面证明系统，雷蒙德·斯穆里安是他的博士生导师。——译者注

斯穆里安的《这本书叫什么？》(*What Is the Name of This Book?* Prentice Hall, 1978)[1]是有史以来最具有独创性、最深刻和最幽默的趣味逻辑学题目合集。其中包括了200多条全新的谜题，全都是由这位高妙的作者编造出来的，并以数学笑话、生动的轶事和颠覆思维的悖论点缀其间。这本书最终的高潮是一系列非同寻常的故事题，它们引导读者进入已故的哥德尔[2]关于不可判定性的革命性研究的核心部分。

斯穆里安是何许人也？他1919年出生于纽约，在芝加哥大学卡尔纳普[3]指导下学习哲学，后在普林斯顿大学获得数学博士学位。现在他是布鲁明顿市印第安纳大学的教授和纽约市的莱曼学院和纽约市立大学研究生中心的名誉退休教授。

在逻辑学、递归理论、证明论和人工智能等方面的专家中，他最为出名的是撰写了两本优雅的短篇专著：《一阶逻辑》(*First-Order Logic*, Springer-

---

① 上海译文出版社和上海辞书出版社先后出版过此书的中译本，译者康宏逵。——译者注

② 哥德尔(Kurt Gödel, 1906—1978)，出生于奥地利的美国数学家、逻辑学家、哲学家，主要贡献是哥德尔不完备定理和连续统假设的相对协调性证明，后患抑郁症，在普林斯顿的医院绝食而亡。——译者注

③ 卡尔纳普(Rudolf Carnap, 1891—1970)，生于德国的美国分析哲学家，经验主义和逻辑实证主义代表人物。——译者注

Verlag, 1968）和《形式系统理论》（*Theory of Formal Systems*, Princeton University Press, 1961）。他在《哲学百科全书》（*The Encyclopedia of Philosophy*）上发表了一篇文章，内容是关于康托尔提出的著名连续统问题，这篇文章是清晰简练的奇特之作。1977年，哈珀与罗出版公司（Harper & Row）出版了他的第一部非专业性著作《道是沉默》（*The Tao Is Silent*），这是我所见过的对于道教学说的最佳入门之一。

斯穆里安的主要业余爱好是音乐（他是一位技艺精湛的古典钢琴演奏家）、魔术（他年轻时是一位兼职魔术师）和国际象棋。他最近完成的工作是关于一些值得研究的国际象棋问题的两部合集：《夏洛克·福尔摩斯的国际象棋之谜》（*Chess Mysteries of Sherlock Holmes*）和《阿拉伯骑士们的国际象棋之谜》（*Chess Mysteries of the Arabian Knights*），其中每道题目都嵌在一个恰当拼凑的故事中。将一种迷人的文学风格、极大的幽默感和对于悖论的卡罗尔①式热爱加在一起，那么你就得到了《这本书叫什么?》的风味。

这本书的开篇是一个真实的故事，引入了斯穆里安的主旋律之一。斯穆里安6岁时，在愚人节那天，他的哥哥埃米尔（Émile）告诉他，他会遭到愚弄，因为他以前从未被愚弄过。那一整天，斯穆里安都在等着恶作剧的到来，他那天晚上躺在床上都仍然醒着等待它的到来。最后，埃米尔揭晓了这个玩笑：斯穆里安预计会遭到愚弄，而埃米尔什么都不做的结果就是愚弄了他。

斯穆里安写道："我记得灯关了以后很久，我还躺在床上寻思自己是不是真的遭到了愚弄。一方面，如果我没有遭到愚弄，那么我就没有得到我所预期的，因此我就被愚弄了。……不过，以同样的理由也可以说说，如果

---

① 即《爱丽丝漫游奇境记》的作者，他的作品中常有悖论出现，并且发表过著名的"理发店悖论"。——译者注

我遭到了愚弄,那么我就确实得到了我所预期的,既然如此,我又在什么意义上受到了愚弄呢? ……我现在暂且不解答这个谜题。随着本书内容深入,我们自会以这种或那种形式屡次折回到这个谜题。"

斯穆里安的引言部分是一些经典的脑筋急转弯,其中许多都带有逗趣的新花样,接着他又介绍了随后大部分题目会涉及的三类人:总是说真话的"君子";一贯说谎话的"小人";以及有时说真话有时说谎话的"凡夫俗子"。

仅仅从这些人物之间展开的几行对话,我们就能够推断出的事情之多,令人惊异。例如,在一个只居住着君子和小人的岛上,斯穆里安碰到两个人在一棵树下休息。他问其中之一:"你们俩之中是否有哪一位是君子呢?"这个人——称为A——作了回答,而且斯穆里安立即知道了这个问题的答案。那么A是君子还是小人? 另一个人呢?

尽管看起来似乎没有足够的信息来解答这道题目,但关键就在于这样一个事实:A的回答使斯穆里安能够发现解答。如果答案是"有的"的,那么斯穆里安也就得不到任何信息。(如果A是一位君子,那么就可能他们两人之一是君子,或者两人都是君子;而如果A是一个小人,那么他们两人就都可能是小人。)因此A回答的必定是"没有"。现在,如果A是一位君子,那么他说的就会是"有",但是既然他说的是"没有",他就必定是一个小人。由于他是一个小人,因此他所说的"没有"就是假话,所以至少必定有一位君子在场。可见另一个人是君子。

卡罗尔的爱丽丝很快就在这本书中登场了。我们发现她在"忘却林"中徘徊,她在那里无法记住星期几(参见《爱丽丝镜中奇遇》的第3章)。在这片森林中,她遇见了狮子和独角兽。狮子每逢星期一、星期二和星期三说谎,而独角兽则每逢星期四、星期五和星期六说谎。其他所有时候,这两个动物都说真话。狮子说："昨天是我的说谎日之一。"独角兽说："昨天是我的说谎日之一。"同斯穆里安一样聪明的爱丽丝就能推断出这天是星期几。这天是星期几？

《爱丽丝镜中奇遇》中更多的角色登场了：特维德兄弟（Tweedle brothers）、白国王、蛋头先生和炸脖龙。特维德蒂（Tweedledee）的表现就像独角兽，特维德顿（Tweedledum）的表现就像狮子。在爱丽丝解答出若干基于与特维德兄弟之间对话的题目之后，蛋头先生揭晓了一个严格保密的镜中秘密：还有第三个兄弟，他的外貌和特维德蒂、特维德顿全无二致，名叫特维德都（Tweedledoo）。特维德都一贯说谎。爱丽丝现在感到烦躁不已，因为她先前的所有推断都可能是错误的。另一方面，蛋头先生有可能在说谎，因而特维德都可能不存在。对于接下去发生的事情，文中提供了四种说法，并要求读者推断出那种说法是正确的，以及特维德都是否存在。

场景随后转换到莎士比亚的《威尼斯商人》（*The Merchant of Venice*）及那个著名的谜题场合，当时波西娅向她的求婚者展示了三只珠宝盒：金盒、银盒和铅盒，其中每只盒子上都刻有不同的铭文。只有一只盒子中装着波西娅的肖像，如果求婚者猜对了，那么波西娅就会嫁给他。［顺便说一下，人们并没有普遍意识到波西娅给了他的追求者一个天大的提示，那就是通过她的歌声："告诉我爱情在什么地方滋长？ 或在心田或是在脑海？"（Tell me where is fancy bred. / Or in the heart or in the head?）这两行英文歌词的最后一个单词都与"lead"（铅）押韵，而这就是正确的选项。］

斯穆里安通过改变这3个盒子上的铭文，编造出了一系列卓越的题目，这些题目引导着读者越来越接近哥德尔的发现。图10.1中给出了第一道题目。从来不说谎的波西娅向她的求婚者解释说，其中最多只有一条铭文是真的。那么他应该选择哪一个盒子？

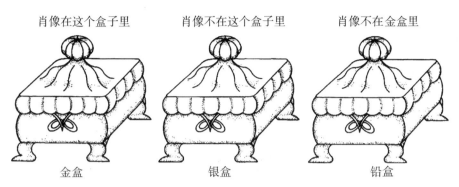

肖像在这个盒子里　　　　肖像不在这个盒子里　　　　肖像不在金盒里

金盒　　　　　　　　　　　银盒　　　　　　　　　　　铅盒

图10.1　波西娅的第一场盒子测试

斯穆里安就波西娅的主题即兴创作了几种更为巧妙的变化形式。在一些题目中,每个盒子都刻有两行铭文。我们还得知,做盒子的共有两位:总是在他的盒子上题刻真实铭文的贝里尼(Bellini)和总是刻上虚假铭文的切利尼(Cellini)。

再来考虑另一道关于盒子的题目,如图10.2中所示。此时金盒上所刻的铭文是"肖像不在这里",而银盒上所刻的铭文是"这两条陈述中只有一条是真的"。这两条铭文呈现了现代语义学历史中具有极大重要性的一种逻辑困境。这位求婚者是这样推理的:如果银盒上的陈述是真的,那么金盒上的陈述就是假的。如果银盒上的陈述是假的,那么这两个盒子上的两

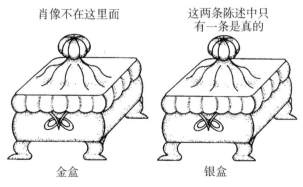

肖像不在这里面　　　　这两条陈述中只
　　　　　　　　　　　有一条是真的

金盒　　　　　　　　　银盒

图10.2　波西娅的肖像在哪里?

条铭文要么都是真的,要么都是假的。如果银盒上的陈述是假的,它们就不可能都是真的,因此它们就都是假的。在这两种情况下,金盒上的陈述是假的,因此金盒中必定装有肖像。这位求婚者得意洋洋地打开金盒,结果却惊恐万分地发现里面空空如也。肖像在另一个盒子里。他的推理哪里出错了?

他所犯的错误在于假定银盒上的陈述非真即假。这道题目将我们卷入了"元语言"这个现代概念。要讨论某一种特定语言的真值,只有在一种更大语言中才是允许的。这种更大的语言也叫做元语言,它将第一种语言作为其措辞的一个子集包括在内。当一种语言谈到其自身的那些真值时,结果常常会导致一种逻辑矛盾。如果没有关于盒子铭文的真实或虚假的元语句,或者说没有关于它们的真值如何相联系的信息,这些铭文就可能是毫无意义的。

苏格兰场[①]探长克雷格(Leslie Craig)现在大步迈入了这本书中,斯穆里安从这位探长的案卷中为我们提供了各种各样的神秘事件,它们可以通过仔细的逻辑推理来破案。其中第一件是最简单的:

某仓库失窃了大量战利品。罪犯(或罪犯们)用一辆汽车运走了赃物。三名声名狼藉的罪犯 A、B、C 被带到苏格兰场盘问。结果查明以下几个事实:

---

① 苏格兰场是英国伦敦警察厅的代称。苏格兰场这个名字源自1829年,当时警察厅位处旧苏格兰王室宫殿的遗址,因而得名。——译者注

（1）除了 *A*、*B*、*C* 以外，没有任何其他人参与
这次盗窃。

（2）*C* 的所有盗窃勾当都有 *A* 做同伙。

（3）*B* 不知道如何开车。

A 是无辜的还是有罪的？

在接下来的几页中,斯穆里安关心的是一些实用之事,比如说怎样避开狼人,怎样选择新娘,怎样在法庭上为你自己辩护,以及怎样娶到一位国王的女儿。例如,假设有一位你盼望中的新娘,她与众不同地喜欢小人,而你想要说服她确信你是一个富有的小人。(你要么富有要么贫穷。)你可以只用一句话就达到目的吗? 可以。你只需要说:"我是一个贫穷的小人。"这位公主立即就知道你不可能是一位君子,因为君子是不会说谎的,因此也就不会说他是一个贫穷的小人。既然你是一个小人,那么你的陈述就必定是假的,因此你就是一个富有的小人。假设这位公主只钟情于君子。那么用怎样的一句话会使她确信你是一位富有的君子?

接下来那一部分讨论了逻辑谜题,这些题目的基础是具有如下形式的条件语句:"如果 *P* 为真,那么 *Q* 为真。"这两句陈述是以隐含关系联系在一起的,理解这一点对于理解命题演算是绝对必不可少的。斯穆里安先抛出一些熟知的隐含悖论,然后又给出 18 道巧妙的谜题,读者如果没有牢固掌握其中所涉及的那些逻辑原则是不可能彻底想清楚的。

接下来设定的场景是日神岛,地球上唯有在这个地方,才有人知道如何回答那个最终极的形而上学的问题:"究竟为什么有物存在?"这个岛上只居住着君子和小人。在接连几次与当地人邂逅以后,斯穆里安证明了日神岛不可能存在。

这种不存在证明并不适用于斯穆里安访问的下一座岛屿:僵尸岛。这里没有任何捷径可以分辨僵尸和人类,前者一贯说谎,后者总是说真话。接下来这个事实使生活变得更加复杂:所有的是或非的问题得到的回答都是"叭"或者"哒",但是我们还不知道哪个是肯定哪个是否定。假设你询问一位当地居民"叭"的意思是不是表示肯定,而他的回答是"叭"。你无法确定"叭"表示什么意思,但是你能辨别出说话者是人类还是僵尸吗?是否有可能只用一个是或非的问题就弄清"叭"是什么意思?

特兰西瓦尼亚①也同样令人困惑。这里的人类(说真话者)看起来与吸血鬼(说谎者)看起来并无二致,并且居民中有半数神志不清。这些精神错乱的人认为所有真命题都是假的,却把所有假命题都信以为真。于是就存在着四种类型的特兰西瓦尼亚人:神智清醒的人类、精神错乱的人类、神智清醒的吸血鬼和精神错乱的吸血鬼。一个神智清醒的人所说的任何事情当然就是真的,而一个精神错乱的人所说的一切都是假的。与此相反,一个神智清醒的吸血鬼所说的任何事情都是假的,而一个精神错乱的吸血鬼所说的任何事情都是真的。幸运的是,所有的问题都用英语回答。你怎样才能用一个是或非的问题就确定一个特兰西瓦尼亚人是不是吸血鬼呢?你怎样才能用一个是或非的问题弄清他是否神志清醒呢?

斯穆里安迫切想要知道德拉库拉是死是活,于是向各种不同的特兰西瓦尼亚人提出这个问题。要求读者从对话中推断出答案。这个章节最后的高潮是在德拉库拉伯爵的城堡中举行的一场盛大舞会,这些复杂情况在

① 特兰西瓦尼亚是罗马尼亚中西部的一个地区,中世纪时曾是一个公国,由于爱尔兰作家斯托克(Bram Stoker, 1847—1912)于1897年出版的吸血鬼题材小说《德拉库拉》(Dracula)而被视为吸血鬼的发源地。下文提到的德拉库拉即这部小说的主角。——译者注

此由于以下事实而变得更加糟糕:就像在僵尸岛上一样,所有问题得到的回答都是"叽"和"哒"。其结果是总共有3个变量要担心:说话者是否神志清醒、他是不是人类,以及"叽"表示什么意思? 斯穆里安最终发现德拉库拉还活着,但是精神错乱了。

此书中有一章题为"如何证明一切。"斯穆里安审查了柏拉图的对话《欧西德莫斯》(*Euthydemus*)中的一段诡辩,其中的一位说话者证明了另一位说话者的父亲是一条狗,然后他又讨论了若干奇异的策略,我们看来似乎可以利用这些策略来证明任何事物——上帝、魔鬼、独角兽、圣诞老人等——的存在。这些策略之一源自对上帝的本体论证明。还有些是美国数学逻辑学家罗瑟(J. Barkley Rosser, 1907—1989)发现的一种精妙方法的种种变化形式。

例如,请考虑以下句子:"如果这句句子是真的,那么圣诞老人就是存在的。"斯穆里安写道:"如果这句句子是真的,那么圣诞老人必然存在(因为如果这句句子是真的,那么'如果这句句子是真的那么圣诞老人就存在'也是真的,由此得出的结论就是圣诞老人是存在的)。于是这句句子说的是这种情况,从而这句句子是真的,因此这句句子就是真的。而如果这句句子是真的,那么圣诞老人就是存在的。由此得出的结论是,圣诞老人是存在的。"这段论证并不健全,不过如果对于元语言的作用不理解的话,那就不容易确切地解释这是为什么。

书中的倒数第二章介绍了大家熟悉的"说谎者悖论"(即"本陈述是假的")及其众多伪装形式和变化形式。斯穆里安给出了逻辑与集合论中的一些最深层次的悖论,而他的阐述方式使它们具有了前所未有的清晰度。例如,这里是他对一条著名悖论的解释,这条悖论被称为理查德悖论,它构成了哥德尔的不可判定性证明的基础。

　　某位数学家有一本书,题为《集合之书》(*The Book of Sets*)。在每一页上,他都列出了或者给出了由自然数构成的一个子集合。这些书页都按顺序依次编号。我们能找出一个不可能在此书中列出的正整数构成的一个子集吗? [①]

　　答案是肯定的。如果有一个数 n 属于第 n 页上列出的那个集合,我们就把它称之为异常数。如果 n 不属于第 n 页上列出的那个集合,我们就把它称之为寻常数。现在让我们来考虑由所有寻常数构成的集合。假设这个集合被列在某一页上。这一页的编号不可能是寻常数,因为假如它是寻常数的话,那么这个数就会在这一页上,从而它就是一个异常数。另一方面,它也不可能是异常数,因为在那种情况下,它就会出现在这一页上,而我们假设这一页上只列出寻常数。这种矛盾迫使我们不得不放弃假设寻常数集合是可以列出的。因此就存在着一个正整数集合的子集,它不可能在此书中列出。

　　现在我们有了足够的准备,可以来研读斯穆里安登峰造极的那一章了,其中论述了哥德尔的发现。就我所知,这最后一章是阐述数学基础研究史上这一伟大分水岭的最佳入门介绍。自莱布尼茨时代以来,数学家们就梦想着某一天所有数学都会统一在一个巨大的体系之中,其中每一条能够明确表述出来的命题都可以被证实或证伪。莱布尼茨甚至将这个梦想延展到哲学辩论。他写道:"如果有争论出现的话,在两位哲学家之间展开辩论的必要性不会超过两位会计师。因为对于后者,只要他们手持铅笔,在他们的石板前坐下来对彼此说道(如果他们愿意的话,可以找一位朋友

　　① 由元组成的集合称为第一层集,而由第一层集的子集作为元构成的集,称为第二层集。第一层集与第二层集之间不存在一一对应的映射。因此从自然数是可数的(页码集合),可知页中内容构成的集合也是可数的。所以后者并不构成自然数的第二层集合的全体。下面的讨论就是证明这一点。——译者注

作证）：让我们来算一算吧。"

这种梦想由于哥德尔1931年发表的论文而被永远地粉碎了。在这篇论文中，时年25岁的哥德尔证明，怀特海德和罗素的《数学原理》[①]中的演绎系统，以及诸如标准集合理论这样的相关系统，都包含着一些不可判定的命题，也就是说这些命题是真的，但却不能在该系统内被证明是真的。更精确地说，哥德尔证明，如果像《数学原理》中那样的一个系统满足诸如一致性（不出现矛盾）那样的合理条件，那么这个系统就允许构成一些不可判定的句子。同时他还证明，如果这样一个系统是一致的，但是却没有任何方式能在这个系统内证明这种一致性。

这些结论适用于任何丰富程度足以包含算术[②]的演绎系统。即使是在普通的算术中，也存在着一些真的、但又无法证明的命题。（一些非常简单的系统中不出现任何不可判定的命题，比如说不包括乘法的算术。）此外，在算术内证明算术的一致性也是不可能的。

我们当然可以通过添加一些新公理来扩大算术，从而使得在这个扩大的系统中出现任何原来不可判定的命题的证明。哎呀！这种情形与先前同样无望。通过哥德尔的同样这些论证可以证明，这个扩大后的系统将包含一些新的不可判定的命题，而且它扩大后的系统的一致性也不能在这个系统内得以证明。这种构建越来越大的系统的过程可以永远继续下去，但是永远也不会到达这样一个层次：可以将那些不可判定的命题从一个系统中驱逐出去，或者可以在这个系统内想出一种一致性证明。

① 怀特海德（Alfred Whitehead, 1861—1947），英国数学家、哲学家，"过程哲学"的创始人。他和罗素合著的《数学原理》（*Principia Mathematica*）是20世纪最重要的数学逻辑著作之一。——译者注

② 算术是指记录数字某些运算基本性质的数学分支。常用的运算有加、减、乘、除，有时也包括更复杂的运算，如指数和平方根。算术运算要按照特定规则来进行。——译者注

在算术中有一道著名的未解之题叫做哥德巴赫猜想。这条猜想断言，每个大于2的偶数都等于两个素数之和。至今没有任何人证明它，也没有人找到过一个反例。哥德巴赫猜想可能就是一个哥德尔的不可判定命题。如果确实如此，那就意味着这个猜想是真的，但是在算术内是无法证明的。其真实性的原因在于，如果它是虚假的，那么就会存在一个反例，而这就使得这条猜想会是可以判定的。

这种情形的一个更加令人不安的方面在于，没有任何构造性的方法表明，数论学家们不会在将来的某一天发现一条算术证据说明哥德巴赫猜想是真实的，也不会找到一条证据说明它是虚假的！数学家们希望并相信这种情况对于任何一条算术定理都永远不会发生，因为如果真的发生这种情况的话，就会使得算术以及所有更高等级的数学都变得一片混乱。(很容易证明，如果在一个反证法有效的演绎系统中，即使只包含有一个矛盾之处，那么就有可能在该系统中证明任何命题。)柏拉图学派的数学家们将各条算术公理视为是真实的，而将各条推理法则视为是正确的，他们没有这样的忧虑，这是因为他们相信不会产生任何矛盾之处。不过，纯粹结构形式主义者们却不作此保证。

哥德尔的那些不可判定的命题只在一个给定的系统内是不可判定的。1936年，图灵[1]和丘奇[2]分别发表了两篇论文，他们在更深次上确定了这些不可判定问题的存在。他们证明了存在着这样的一些题目，不存在任何有限算法或者循序渐进的过程能解答它们。这些绝对不可判定问题的例子包括：图灵机理论中的那个著名的停机问题、铺陈理论中的彩色多米

---

[1] 图灵(Alan Turing, 1912—1954)，英国数学家和逻辑学家，被视为计算机科学的创始人，后因同性恋倾向而遭到迫害致死。——译者注

[2] 丘奇(Alonzo Church, 1903—1995)，美国数学家，对算法理论的系统发展有重大贡献。——译者注

诺骨牌问题、康韦的生命游戏中的那些问题,还有其他许多。要在任何具有逻辑一致性的世界中建造出一台计算机,无论这台计算机有多么强大,要使它能够通过摆弄符号而在有限步骤内解决此类题目,这在未来的任何时候都是不可能实现的。

自从1936年以来,人们设计出各种各样的方法来确立哥德尔的这些结论以及相关的丘奇—图灵结论,其中有些方法比哥德尔的原始方法要简单。斯穆里安用一种令人愉快的方式来呈现哥德尔的证明,他想象有一个哥德尔岛,那里只居住着君子和小人。已"证明自己"是君子的那些君子被称为"既定君子"。已证明自己是小人的那些小人被称为"既定小人"。岛民们根据下列条件的成立与否组成了各色俱乐部:

1. 所有既定君子的集合组成一个俱乐部。

2. 所有既定小人的集合组成一个俱乐部。

3. 每个俱乐部C都有其补集:由岛上所有不属于俱乐部C的人所组成的俱乐部。

4. 给定任一俱乐部,至少存在一位岛民自称是该俱乐部的成员。

斯穆里安现在只需构造三段简单的、非专业性的论证,就能够证明岛上至少有一位非既定君子,并至少有一位非既定小人。如果我们把君子看成是真句子,而既定君子看成是可证明真句子,把小人看成是假句子,而既定小人看成似乎可证明假句子,那么斯穆里安的论证所得出的那些结论就对应于哥德尔的那些结论。仅仅再增加三句句子,斯穆里安就又确立了塔尔斯基[①]的一条相关定理,即小人集合和君子集合都不构成俱乐部。

那个老的说谎者悖论有一种广为人知的形式,这种形式不是仅有一句

[①] 塔尔斯基(Alfred Tarski,1901—1983),美国籍波兰裔犹太逻辑学家和数学家,研究范围包括抽象代数、拓扑学、几何学、测度论、数理逻辑、集论和分析哲学等领域。——译者注

句子,而是有两句句子,在一张卡片的两面各写上其中一句。一句是:"这张卡片另一面上的句子是真的。"另一句是:"这张卡片另一面上的句子是假的。"这两句句子都没有提及其本身,然而矛盾之处却显而易见。与此类似,斯穆里安也想象了他所谓的"双重哥德尔岛",这些君子小人岛符合以下情况:给定任意两个俱乐部 C_1 和 C_2,总是存在岛民 A 和 B,A 声称 B 是 C_1 的成员,而 B 则声称 A 是 C_2 的成员。对于此类双重岛屿的研究是斯穆里安的最大爱好之一。他讨论了自己对于它们的几种发现,并给出了一些尚未得到解答的新题目。

在该书的结尾处,斯穆里安对哥德尔构建的一句无法证明的句子给出了一种真正令人惊讶的形式。请考虑以下命题:"这句句子永远不能被证明。"斯穆里安写道:"如果这句句子是假的,那么它永远不能被证明这件事情就是假的,因此它就能够被证明,于是它就必定是真的。因此,如果它是假的,我们就有了矛盾,所以它必定是真的。

"现在,我刚刚证明了这句句子是真的。既然这句句子是真的,那么它所说的就确是实情,而这就意味着它永远不能被证明。那么我又怎么会刚刚证明了它呢?"

斯穆里安解释说,这里的谬误就在于可证明的意思是什么没有完全解释清楚。请考虑这句话的一种修改过的形式:"这句话在系统 S 内是不能被证明的。"此时悖论奇迹般的消失了!"有趣的事实是,以上句子必定是一个在 S 系统内无法证明的真句子。"(当然,前提假设是在 S 中可证明的一切都是真的。)在这种形式下,这句句子就是"哥德尔那句句子 X 的粗糙表述,可以把它看成,在断言其本身的不可证明,但不是在绝对意义上的不可证明,而只是在某给定系统内的不可证明。"

在这一刻,斯穆里安忽然想起自己还没有回答"这本书叫什么?"这个问题。这本书就叫……不过请到这本书的最后一页去寻找答案吧①。

补　遗

自从我为斯穆里安的第一本逻辑题书籍撰写评论以来,他还写了其他一些非专业性书籍,你会在参考文献中找到这些书籍。我还引用了知名哲学家奎因②为《这本书叫什么?》撰写的一篇独具慧眼的评论,以及关于斯穆里安的一篇引人入胜的文章,这篇文章刊登在《史密松尼》③杂志上。

肯尼迪(James Kennedy)在一封来信中提醒我,更早些有一本书的标题与斯穆里安这本书的标题具有异曲同工之妙的自我指认情况④,这指的是美国魔术师阿曼尼(Ted Annemann)撰写的一本关于魔术把戏的书。这本魔术书的书名为《没有名字的书》(*The Book Without a Name*)。

---

① 引号中的句子摘自斯穆里安的原著《*What Is the Name of This Book?*》,所以其中的句子 *X* 在本书中并未阐明。有兴趣的读者可参考中译本《这本书叫什么?》中的第16.3节"哥德尔定理",康宏逵译,上海译文出版社和上海辞书出版社均有出版此译本。——译者注

② 奎因(Willard Van Orman Quine,1908—2000),美国哲学家、逻辑学家,20世纪美国分析哲学的主要代表人物之一。——译者注

③《史密松尼》(*Smithsonian*)是由美国史密松尼学会(Smithsonian Institution)1970年创立的杂志,对科学领域的各种主题提供深入分析。——译者注

④ 斯穆里安的这本书名为"这本书叫什么?"而这本书叫什么呢? 这本书就叫《这本书叫什么?》。——译者注

答　案

1. 狮子可以说"我昨天说谎了"的日子只有两天:星期一和星期四。独角兽可以作出同样陈述的日子只有星期四和星期天。因此独角兽和狮子都能作此陈述的日子就只有星期四。

2. 金盒和铅盒上的铭文意思是相反的,因此其中之一必定是真的。既然最多只有一条陈述是真的,那么银盒上的陈述就是假的。所以肖像就在银盒内。

3. 如果B是无辜的,那么我们就知道(根据事实1)A和C两者之一是有罪的。如果B是有罪的,那么他必定至少有一个同伙,因为他不会开车,于是再次说明A或者C有罪。其结果就是A或C有罪,或者他们两人都有罪。如果C是无辜的,那么A就必定有罪。如果C是有罪的,那么(根据事实2)A也有罪。因此A就是有罪的。

4. 你说"我不是一名贫穷的君子。"这位姑娘就这样推理了:如果你是一个小人,你就确实不会是一位贫穷的君子,因此你的陈述就会是真的。既然小人从来不说真话,那么这一矛盾就排除了上面的假设。于是你就是一位君子。君子说真话,因此你就不是一位贫穷的君子。

5. 对于"叭是表示肯定的意思吗?"这个问题,僵尸岛上的一位居民回答"叭"。如果"叭"表示肯定的意思,那么"叭"就是一个反映真实情况的回答,因此这位说话者就是人类。如果叭"表示否定的意思,那么这个回答也是真实情况,因此这位说话者就是一个人类。虽然要确定"叭"表示什么意思是不可能的,但是这个回答确实能证明这位岛民是人类。

6. 要用一个是或非的问题就确定"叭"表示什么意思,可以这样做:问一位岛民他是不是人类。因为人类和僵尸对于这样一个问题的回答都是肯定的,所以如果这位岛民的回答是"叭",那么这个词就表示肯定。如果这位岛民回答的是"哒",那么"哒"就表示肯定而"叭"就表示否定。

7. 要通过询问一个是或非的问题来辨别一位特兰西瓦尼亚人是不是一个吸血鬼,那么就问他是否神志清醒。一个吸血鬼会给出否定回答,而一个人类则会给出肯定回答。(我把证明这一点留给读者自己完成。)要辨别这位特兰西瓦尼亚人神志是否清醒,那么就问他是不是一个吸血鬼。

第 11 章

矩阵博士的回归

还是那个同样的老故事。

——胡普费尔德，
《随着时光流逝》①

胡普费尔德(Herman Hupfeld, 1894—1951)，美国歌曲作家。《随着时光流逝》(As Time Goes By)是他为电影《卡萨布兰卡》(Casablanca，也译作《北非谍影》)所写的插曲。——译者注

$\large 在$《矩阵博士的魔法数》(*The Magic Numbers of Dr. Matrix*, Prometheus, 1985)[①]的最后一章中,我提到了我的老朋友、著名的数字命理学家矩阵博士(Dr. Irving Joshua Matrix)去世的悲痛消息。我最后一次见他和他的带有一半日本人血统的女儿伊娃(Iva),是在1980年,土耳其的伊斯坦布尔。当时矩阵博士假扮成一个名叫阿米尔(Abdul Abulbul Amir)的阿拉伯人,正在为美国中央情报局执行一项绝密任务。在我回到纽约后,我听说了他在乌克兰伊斯梅尔附近的多瑙河畔与一位名叫斯卡伐(Ivan Skavinsky Skavar)的俄罗斯克格勃(即国家安全委员会成员)之间的悲剧性相遇。根据《纽约时报》的说法,这两个人显然同时鸣响了他们的左轮手枪。斯卡伐的尸体被俄罗斯人抛入黑海。阿米尔被埋在伊斯梅尔附近的莱辛巴赫瀑布公墓[②]。

1987年初,我参加了一次关于分形几何的国际会议,会议地点是在葡萄牙首都里斯本的那家豪华的丽兹大饭店。在我与分形之父,此次会议的贵宾和主要演讲者芒德布罗共进午餐时,墙上的一个扬声器召唤我去接一个电话。

[①] 此书中译本由上海科技教育出版社翻译出版,译者谈祥柏。——译者注

[②] 莱辛巴赫瀑布是瑞士中部的一个瀑布,福尔摩斯探案集系列的《最后一案》(*The Final Problem*)中,福尔摩斯与他的死敌莫里亚蒂(Moriarty)一同坠河而死的地方。——译者注

结果令我又惊又喜,电话是伊娃打来的! 她不肯告诉我她是怎么知道我当时在里斯本的,不过她问我是否有可能去卡萨布兰卡拜访她。她说,毕竟从里斯本到卡萨布兰卡只有一段短途飞机行程。她又补充说,她要透露一些关于她父亲的惊人信息。

我们安排在里克小馆见面并共进晚餐,那是卡萨布兰卡众所周知的赌场、餐厅和酒吧。1942年由褒曼(Ingrid Bergman)、鲍嘉(Humphrey Bogart)、雷恩斯(Claude Raines)和亨里德(Paul Henreid)主演的电影《卡萨布兰卡》拍摄的场景正是在这里。正如这部深受喜爱的经典电影的大多数影迷们所熟知的,影片改编自一个名为《人人都来里克小馆》(*Everybody Comes to Rick's*)的未经上演的剧本——这个剧本又是基于真人真事。读者们也许会有兴趣知道这些人发生了什么事。1943年,伦德(Ilsa Lund)的丈夫拉兹洛(Victor Laszlo)遭到一个前来复仇的纳粹分子的刺杀。几年后,伊尔莎和布莱恩(Richard Blaine)在巴黎重聚,并在那里结婚,里克①的朋友雷诺上尉(Captain Louis Renault)担任伴郎。他们有一个孩子叫小理查德(Richard, Jr.)。

在老理查德于1957年去世后,伊尔莎带着她的儿子重返瑞典首都斯德哥尔摩。他们一直住在那里,直到她1982年去世。1983年,小里克买下了曾经属于他父亲的美国咖啡馆,将它取名为"里克小馆",从那以后就一直经营着它。

卡萨布兰卡,这个大约有300万人口的熙攘港口城市,正是我所预期的样子——一个壁垒分明地分裂成荣华富贵和赤贫如洗两个区域的城市。带有时髦法国店铺的高大白色办公楼在明亮的非洲阳光中闪烁着。离我下榻的艾尔·曼苏尔旅馆不远,是穷人们居住的破旧、肮脏、阴暗的街道,罪

---

① 里克(Rick)即理查德(Richard)的昵称。——译者注

恶、毒品、疾病和悲苦在那里腐化和堕落。当我乘坐的出租车颠簸着驶过那些老集市之一时，我能闻到在明火上烹饪的烤肉串发出的香料和烟熏的气味。

就在这个老集市那一边的里克小馆喧闹嘈杂、烟雾缭绕，里面挤满了欧洲观光客和当地穆斯林，其中大多数人都说法语。里克跟他父亲一样，是一位抽烟不断的老烟枪，他亲自将我领到桌边，伊娃坐在桌边微笑挥手。她略老了些，但是看起来依旧是一位绝色美人。一位高个子白发男子坐在他对面，他背对着我。当我绕过桌子看见他的脸时，我几乎要瘫倒在地。是矩阵博士！当他站起来亲吻我的双颊时，他那如鹰一般的面容显得阴郁，但是他那祖母绿色的双眼中闪烁着愉悦，其中一只眼睛藏在一片单片眼镜后面。

当伊娃告诉我所发生的一切事情时，我完全茫然，无言以对。那位俄罗斯特工因一颗子弹射穿他的大脑而当场死亡，但是阿米尔，或者更精确的说是矩阵博士，在斯卡伐的子弹擦伤他的左侧太阳穴后失去了知觉。来自美国中央情报局的几名特工当时就在附近。他们的直升飞机将矩阵博士运送到摩洛哥，他在那里很快就恢复了，并有了一个新的身份。两位伊斯梅尔的农民在重酬之下，证实他们目击了两人的死亡。在一场佯装的葬礼之后，一口空棺材被埋葬了。

在伊娃说完之前，矩阵博士几乎没有开口。他向我保证说，一切克格勃报复的危险都已经过去了，但是他目前正在执行一项极其机密的任务，他对此不能泄露任何信息，而只能告诉我这样一个事实：他正以一位来自印第安纳州的侨居诗人的身份居住在卡萨布兰卡，所用的名字是贾斯珀·惠特科姆·伦迪（Jasper Whitcomb Lundy）。伊娃使用一个她请我不要走漏的艺名，在安·迪亚布度假小镇附近的一家夜总会充当一名肚皮舞者。她说:"这是我现在的公开身份。"

我重复道:"贾斯珀·惠特科姆·伦迪,为什么取这么一个古怪的名字呢?"

矩阵博士说道:"其中没有两个字母是相同的。在这样一个长名字中,这是相当罕见的。另请注意,其中的6个元音字母是按照 AEIOUY 的顺序来排列的。"

我评论道:"你的银制皮带搭扣,我看到它上面雕刻着古老的中国九宫格①,或者也叫幻方,其中的奇数都写在灰色方格中。"(参见图11.1)

"是的。所有偶数都是阴,所有奇数都是阳。中央的5被视为等同于土。金用4和9来表示,火用2和7表示,水用6和1表示,木用8和3表示。

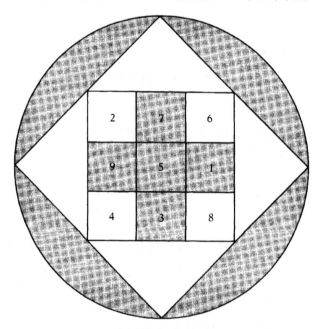

图11.1 矩阵博士的九宫格皮带搭扣

---

① 九宫格的英文 *lo shu* 来自"洛书",是中国古代传说中出现在神龟甲壳上的神秘图像或文字,是阴阳五行术数之源。——译者注

每一对都具有阴阳平衡。正如你所知道的,九宫格是将这9个数字排列成每行、每列和每条主对角线上的数字之和都相等的唯一方式,旋转和反射除外。我想起你在你的某一期专栏中对此曾给出过一种简单的唯一性证明。

我点头称是。"在我1976年1月关于幻方和幻立方的那一期专栏中。九宫格一直以来都令我充满崇敬,因为它是组合数论史上最为优雅的图案之一。"

矩阵博士说道:"它具有许多令人惊讶的性质,我记得你只提及了其中几条。"

我从一个口袋中迅速抽出一本记事簿和一支铅笔。

"例如,想象将九宫格绘制在一个圆环面上,而圆环的表面分成9个格子。如果你愿意的话,也可以将那个3×3方格构成的平面正方形想象成连接成圆环的样子。将最上面一排的每一对相邻方格看成与其正下方的最下面一排的两个方格相连接。左边一列的每一对相邻方格想象成连接到右边一列相应的那对方格。"

我打断他,插嘴说道:"还有,4个顶角的方格也连接起来。"

"正是如此。这个环形的阵列中总共有9个2×2的正方形。"

"所以呢?"

"在这9个正方形中,每个正方形中的4个数字之和不仅各不相同,而且等于从16到24的相继数。"

我惊呼起来:"不可思议啊!这一点我以前不知道。"

矩阵博士说道:"我对此并不感到意外,我是在7岁的时候发现这一点的,不过从未用文字表达过。"

我匆匆地记下了这一切,然后问道:"九宫格还有其他什么我应该了解的奇异特征吗?"

矩阵博士回答:"数以百计啊。让我来告诉你其中一项,这是我在30年前发现的。虽然后来又有人重新发现过,不过几乎没有几位数学家知道。请考虑这3行所组成的那几个三位数。取每个数的平方,并将这些平方相加。取同样这些3个一组的数反向构成的3个数,也做此操作。结果得到的两个总和是完全一样的。"

我拿出我的便携式计算器。矩阵博士是正确的,因为有:

$$276^2+951^2+438^2=672^2+159^2+834^2=1\ 172\ 421$$

矩阵博士扶正他的单片眼镜后说道:"还有更多呢。同样的结果对于3列所构成的那些三位数也成立。"

"对角线的情况如何呢?"

"是的,我的朋友①。主对角线和那些断裂的对角线都具有这些相同的特性。当然,它们在圆环面上都是不间断的对角线。取走向为右下的那3条对角线。将每个数平方后相加。结果得到的总和就等于同样3个数反向后的平方和。这对于取向为左下的3条对角线也同样成立。"

我在我的计算器上验证了这一点:

$$258^2+714^2+693^2=852^2+417^2+396^2=1\ 056\ 609$$

$$654^2+798^2+213^2=456^2+897^2+312^2=1\ 109\ 889$$

矩阵博士按下他皮带搭扣底部的一个暗钮,于是这个银钮就落入了他的手掌。他将银钮反转后放在我的盘子旁边。图11.2(左)显示了镌刻在背面的正方形。

矩阵博士说道:"你现在看到的是有史以来发现的最令人难以置信的幻方。这是我的朋友李·萨罗斯(Lee Sallows)在几年前发现的。他称之为

---

① 原文为法语 *Oui, mon ami*。——译者注

5	22	18
28	15	2
12	8	25

4	9	8
11	7	3
6	5	10

图11.2　李·萨罗斯的李书(左)及其阿尔法幻方搭档(右)

"李书"。

我说:"我能看出它是一个幻方,不过它必定还有其他某种非同寻常的特征。"

"确实如此。"

矩阵博士在我的记事簿上草草地画出一个空的九格矩阵。在每个方格里,他都写下"李书"中每个对应数字用英语表示时的字母个数。于是"5"(five)有4个字母,因此就将一个4写在左上角,对应其他各方格也进行类似操作(图11.2右)。我几乎无法相信。这个新的正方形不仅是一个幻方,而且其中的数是相继地从3到11!

后来我得知,如果一个幻方,在任意给定的语言中,能用这种离谱的方式转化为另一个幻方,萨罗斯就用"阿尔法幻方"这个术语来表示。他对于各种大小的幻方、用二十多种语言进行了深入的计算机研究,其结论都发表在他1986年的那篇由两部分构成的文章《阿尔法幻方》之中。萨罗斯是一位英国电子工程师,他在荷兰的奈梅亨大学[①]工作。

伊娃一直带着隐隐的微笑在旁聆听。她对她的父亲说道:"或许你可以给加德纳先生几道与九宫格有关的谜题,如果他再写到你的话,这些谜

---

① 奈梅亨大学是位于荷兰奈梅亨市的一所公立研究型大学,成立于1923年。——译者注

题就能以飨读者了。"

矩阵博士毫不犹豫地提出了一打题目,我从中选取几道如下:

1. 用9个相继的整数(非负整数)构建一个3×3幻方,其各行、列、对角线相加之和(幻方常数)都等于666,即圣经中那个声名狼藉的"兽数"[①]。

2. 图11.3(左)显示了一个矩阵,其中8在一边,而不是像九宫格那样位于一角。在空着的那些方格中填入8个整数,这9个整数没有任何两个相同,最后构成一个幻方,其幻方常数等于15,与九宫格相同。

3. 用9个素数构造出一个具有最小可能幻方常数的幻方,其中没有任何两个数相同。1这个数被排除在外,因为现今已经不再将它看成是素数了。2这个数也不能用。(证明:假设2出现在一个$n×n$的素数幻方中。先假定n为奇数。由于2是唯一的偶素数,因此,除了包含2的那些行、列、对角线上的数字相加之和会等于偶数以外,所有其他行、列、对角线上的数字相加所得的和都会等于奇数。再考虑n为偶数的这一情况,那么除了包含2的那些行、列、对角线上的数字相加之和会等于奇数以外,所有其他行、列、对角线上的数字相加所得的和都会等于偶数。)

4. 采用$A=1$、$B=2$等这一简单的代码,将九宫格中的数字转换为图11.3

图11.3 两道九宫格谜题

---

① "兽数"是记载于《圣经》的《启示录》中的特别数目,即666,参见《启示录》(13:18)。——译者注

(右)所示的9个字母。设想有一枚国际象棋中的王放在一个方格中。按照王的走法移动7步而拼写出一个带有连字符号的、由8个字母构成的单词,其中没有任何两个字母相同,将王出发地的字母看成是这个单词的第一个字母。

矩阵博士将这个银钮按回到他的皮带搭扣上。他在椅子上向后倾斜着身体,并扶正他的单片眼镜,同时说道:"顺便说一下,按照我给你的那个九宫格,此时其中的3个水平的数具有一些有趣的现象。取276,即最上面一排数。它就等于1、2、3的五次方之和。中间一行构成的数951等于475和476这两个相继数的平方差;475等于237和238这两个相继数的平方差;而237等于118和119这两个相继数的平方差。

我仓促记下这些时说道:"我都头晕目眩了。你的九宫格中最下面一排数字438有什么值得注意的地方吗?"

矩阵博士说:"它是最最值得注意①的,这是一个史密斯数。"

我面露迷惘。"该死! 史密斯数究竟为何物?"

矩阵博士解释说,史密斯数是宾夕法尼亚州伯利恒市利哈伊大学的数学家维兰斯基(Albert Wilansky)的内弟哈罗德·史密斯(Harold Smith)发现的。史密斯并不是一位数学家,有一天他注意到,如果把他的电话号码写成一个数4 937 775,那么它就会具有一种离奇的特征。将它的所有素数因子3、5、5、65 837的各位数字相加,你就得到42,而这也是那个电话号码中的各位数字之和。维兰斯基将任何具有这种性质的合数都称为史密斯数,并为《两年制学院数学杂志》(*Two-Year College Mathematicas Journal*)写了一篇简短的评注。后来密苏里大学的麦克丹尼尔(Wayne McDaniel)证明,存在着无数个史密斯数。

---

① 原文为法语 *remarquable*。——译者注

4	645	1507
22	648	1581
27	654	1626
58	663	1633
85	666	1642
94	690	1678
121	706	1736
166	728	1755
202	729	1776
265	762	1795
274	778	1822
319	825	1842
346	852	1858
355	861	1872
378	895	1881
382	913	1894
391	915	1903
438	922	1908
454	958	1921
483	985	1935
517	1086	1952
526	1111	1962
535	1165	1966
562	1219	
576	1255	
588	1282	
627	1284	
634	1376	
636	1449	

表 11.1　2000 以内的史密斯数

最小的史密斯数是4。在前一百万个整数中，共有29 928个史密斯数。这大约占3%，并且人们相信这个百分比对于任意一个由一百万个整数构成的区间都大致成立。表11.1列出了小于200的那些史密斯数。请注意，666是一个史密斯数，1776也是。矩阵博士提醒我注意到这样一个奇异的巧合：1776既是亚当·史密斯的《国富论》这本资本主义圣经的出版年份，也是世界上最资本主义的国家成立的日期[1]。

矩阵博士偏离了话题，开始解释他发现的关于1776的一种奇特性质。他让我选择一个任意的个位数字N，然后在我的计算器上将N键按三次，于是在示数器上显示NNN。他要求我用NNN乘以16，然后再将所得的乘积除以N。由此得到的结果：1776！[2]

两个史密斯数，如果它们是相继的正整数，则称它们为史密斯兄弟，比如说728和729（紧接着更高的一对是2964和2965）。我们还不知道史密斯兄弟的数量是不是无限多的。不过已经证明存在着无限多个矩阵博士所谓的"回文史密斯"[Psmiths，伊娃更喜欢用"史

①《国富论》(The Wealth of Nations)全名为《国民财富的性质和原因的研究》(An Inquiry into the Nature and Causes of the Wealth of Nations)，是苏格兰经济学家、哲学家亚当·史密斯(Adam Smith, 1723—1790)的一本经济学专著。最资本主义的国家是指美国，1776年美国发表独立宣言，正式宣布独立。——译者注

② 选$N=1$，有$111×16÷1=1776$，因此对一般的N有$(NNN×16)÷N=N(111×16)÷N=1776$。——译者注

密斯密史"(Smithtims)这个术语]——正反两个方向读起来一样的那些回文型史密斯数。

图11.4复制了矩阵博士画出的一张草图，其中用9个史密斯数构成了一个幻方。他向我保证说,这个幻方常数822是对于此类幻方可能得到的最低值。将这个矩阵中的每个数都减半,你就会得到一个由9个不同素数构成的幻方,其幻方常数为411。

94	382	346
526	274	22
202	166	454

$C = 822$

图11.4　最低的3×3史密斯幻方

矩阵博士提醒我,第二个史密斯数22就是在电影《卡萨布兰卡》中,里克建议一位财政需求紧迫的顾主将他的赌注放在轮盘赌桌上时所押的数。这个做过手脚的轮盘3次停在22上。矩阵博士又补充说,如果用$A=1$、$B=2$这种代码,那么第5个史密斯数85就等于"矩阵"(MATRIX)这个单词中的所有字母之和。

矩阵博士称他的朋友耶茨(Samuel Yates)是史密斯数方面的世界顶尖专家,这位退休的计算机科学家现在居住在佛罗里达州的德拉海滩。史密斯数与所谓的循环整数(即完全由1构成的数)相关。从每一个循环整数,只要已知它的各素数因子,我们都可以构建出一个史密斯数。由于循环整数有无限多个,因此史密斯数也就有无限多个。耶茨长期以来一直是循环整数方面的权威,发表了多篇论文,还出版了一整本关于这些数的书籍。

我们已知的素循环整数只有5个:R_2、R_{19}、R_{23}、R_{317}和R_{1031}。这里的下标表示这个循环整数中包含的1的个数,它们也必须是素数。1987年,耶茨从R_{1031}得到了最大的已知史密斯数,这是一个有10 694 985位的数。它等于以下乘积:

$$9 \times R_{1031}(10^{4594}+3 \times 10^{2297}+1)^{1476} \times 10^{3\,913\,210}$$

我问道:"在九宫格上还有别的什么史密斯数吗?"

矩阵博士回答:"令人难以置信的是,确实存在。从右至左取两条对角线上的各位数字,得到的两个数都是史密斯数[1]。654的素数因子(2、3和109)的各位数字之和相加等于15,并且这对于852也同样成立,它的素因子是2、2、3和71。"

"九宫格中竖直的那些数有什么奇异的特征吗?"

矩阵博士用一种神气十足的口吻说道:"我亲爱的加德纳,没有奇异性质的数是不存在的。例如,请考虑你在里斯本的旅馆房间。伊娃告诉我房号是243。这是一个最不同寻常的数。由于它的各素数因子是3、3、3、3和3,因此它在三进制形式中,则可写成100 000。你知道它十进制的倒数是什么吗?"

我摇摇头。

矩阵博士戴上了他的单片眼镜,然后在我的记事簿上写下:

$$1/243 = 0.004\ 115\ 226\ 337\ 448\ 559\cdots$$

"第二次世界大战期间,我在洛斯阿拉莫斯[2]核对原子弹建造过程中涉及的一些数字时,费恩曼向我讲述过这个疯狂的分数。"[3]

---

① 这里指654和852这两个数。——译者注

② 洛斯阿拉莫斯位于美国新墨西哥州,承担"曼哈顿计划"的洛斯阿拉莫斯国家实验室所在地。——译者注

③ 这个分数在费恩曼的自传《别闹了,费恩曼先生》(*Surely You're Joking, Mr. Feynman*, Norton, 1985)的第116页提到过。费恩曼的评论是:"它在559之后变得有点不规则了……不过它很快就扭转乱象,很好地恢复了它的循环。"费恩曼回忆起,当他在洛斯阿拉莫斯工作时,曾在一封信中写到这个分数。这个计划(研究原子弹的曼哈顿计划)的检查员将这封信退回了,原因是他认为这个数可能会是一个代码。费恩曼给这位检查员送去一张便签,其中解释了这个数不可能是一个代码:"因为如果你真的用1除以243,那么事实上你确实会得到所有这些数字,因此0.004 115 226 337…这个数中也就不会比243这个数包含更多的意义——而243几乎根本不具任何意义。"——原注

"你在那以前认识费恩曼吗?"

"矩阵博士答道:"他的老师曾是我的学生。顺便说一下,你是否知道'平板车'(*flatcar*)这个单词是'分形'(*fractal*)的易位构词①? 不过我偏离正题了。在九宫格上沿任意方向取任一行、列或对角线,所得的每个三位数都具有以下这个非凡性质。将这个数自加、自减、自乘、自除。当你将所得的4个结果相加时,你总是会得到一个完全平方数。"

我随机地选择了654。果然,我的计算器显示出(654+654) + (654 − 654) + (654×654) + (654÷654) = 429 025,即655的平方。直到好几天以后,我才意识到自己是怎样被蒙骗了。不管是什么数都有这一性质。以下是一种简单的代数证明:

$$(n+n)+(n-n)+(n×n)+(n÷n)$$

$$=2n+0+n^2+1$$

$$=n^2+2n+1$$

$$=(n+1)^2$$

我不想造成伊娃在我们的谈话中遭到冷落这样的印象。在晚餐期间,以及稍后在赌博区,我们3个人讨论了许多事情。矩阵博士在赌博区赢得了相当大的一笔钱,玩的是法国人所谓的"21点",美国赌场则称之为"黑杰克"。此处我的篇幅所限,只能讨论与文字游戏及数字游戏相关的材料。

我用铅笔瞄准矩阵博士的银制皮带搭扣。"这个圆圈和两个内接正方形激起了我的兴趣。"

矩阵博士说:"你提到这一点很好。你的拥趸们也许会喜欢一道基于这种设计的有趣谜题。假设这个圆的半径是7个单位。你能以多快的速度

---

① 易位构词(anagram)是将组成一个单词或短句的字母重新排列顺序,原文中所有字母的每次出现都被使用一次,构造出新的单词或短句。——译者注

确定其中较小正方形的边长？"

"嗯……我会需要基于欧几里得几何学中的毕达哥拉斯定理，来进行一些计算。"

"正相反[1]，答案显而易见。"矩阵博士这样说的时候，伊娃露出了大大的笑容。

我们的餐后酒刚端上来。为了掩饰我的尴尬，我用自己的酒杯去碰了一下矩阵博士的酒杯。"我知道3个小人物的问题还抵不上一堆豆子那么重要。"我这样说道，设法使自己听起来像是鲍嘉[2]。"不过伦迪先生，请允许我祝你有一次漫长而愉快的复生。"

钢琴旁的一位上了年纪的黑人正在弹奏"随着时光流逝"。伊娃装出一副痛苦的神色，用她的杯子碰了一下我的杯子，然后说道："就看你的了，孩子。"她模仿鲍嘉的水平要高得多[3]。

○────── 补　遗 ──────○

我在我的笔记中发现，矩阵博士曾让我注意"李书"和"兽数"之间的以下联系。在每个方格中都加上100，对其搭档幻方也作同样操作。当两个幻方对应方格中的两数相加时，结果得到的是一个常数等于666的幻方。

在研究涉及3×3幻方的那些题目时，图11.5中所示的代数结构是有帮助的。九个数会构成一个幻方的条件是当且仅当它们能够被分组为3个三元集

---

[1] 原文为法语 *au contraire*。——译者注

[2] 鲍嘉(Humphrey Bogart, 1899—1957)，在《卡萨布兰卡》中扮演里克。前面那句"我知道三个小人物的问题还比不上一堆豆子重要"是《卡萨布兰卡》中里克的台词。——译者注

[3] 原文是"Here's looking at you, clid"，与《卡萨布兰卡》中里克的台词"Here's looking at you, kid"有所不同。作者用clid代替kid(孩子)，clid不是英语词汇，不过"you, clid"的发音与Euclid(欧几里得)相近。——译者注

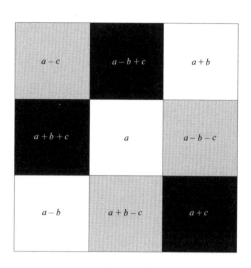

图 11.5　所有 3×3 幻方的图解

合，每个三元组都是一个等差数列，3 个数列的公差全都相等，并且每一个三
元组中的最小数又构成了另一个等差数列。这些三元组在插图中用不同深浅
的灰色来加以区分。

可以用任何实数来替代其中的 a、b、c。中间那个数 a 总是等于幻方常数的
三分之一。因此如果幻方常数是 π，那么 a 就必定是 π 的三分之一。当然，如
果你希望一个幻方中不出现重复数的话，就必须选择一些恰当的数值。如果
要使这些数为相继正整数，那么幻方常数就必须是 3 的倍数，a 必须等于或大于
5，b 必须等于 1，而 c 必须等于 3。

1987 年，在为 1988 年的《数学科学日历》(*Mathematical Sciences Calenda*,
Rome Press, 1987)撰写的一篇关于素数幻方的文章中，我出价 100 美元悬赏用
相继素数构造出一个 3×3 幻方的第一人。在我的《斯芬克斯之谜》(*Riddles of
the Sphinx*, Mathematical Association of America, 1987)结尾处，我又再次提出这
一挑战。1988 年初，尼尔森(Harry Nelson)利用加州大学的一台克雷计算机和
一种精巧的程序，以 22 种解答赢得了这笔奖金，其中具有最低幻方常数的一种

如图11.6中所示。这种程序并没有证明这是可能的最低值，不过几乎可以肯定就是它。

1480028201	1480028129	1480028183
1480028153	1480028171	1480028189
1480028159	1480028213	1480028141

图11.6 一个由相继素数构成的幻方

答　案

1. 通过将九宫格中每格都加上$(666-15)/3=217$，就得到"兽数"正方形（图11.7，左上）。

2. 唯一的解答显示在图11.7的右上。

3. 唯一的解答在图11.7中的左下。幻方常数等于177。

4. 这个单词是"大脸"（big-faced）。

关于矩阵博士皮带搭扣上的几何设计的那个问题，其答案如下。较小正方形的边长为7，与圆的半径相同。图11.5右下方的绘图就是"一看就明白"的证明。

219	224	223
226	222	218
221	220	225

1	8	6
10	5	0
4	2	9

17	113	47
89	59	29
71	5	101

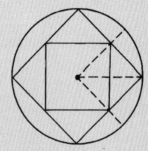

图11.7 各题解答

附 记

　　费恩曼关于负概率的论文发表在希利(B. J. Hiley)和皮特(F. David Peat)主编的《量子的含义：纪念戴维博姆论文集》(*Quantum Implications: Essays in Honour of David Bohm*, Routledge and Kegan Paul, London, 1987, 第235—248页)。格雷厄姆(Ronald Graham)、高德纳(Donald Knuth)和帕塔许尼克(Oren Patashnik)合著的《具体数学》(*Concrete Mathematics*, Addison-Wesley Publishing Company, 1994年第二版)中给出了使用负概率的一个例子。

　　自从我1977年8月在我的《科学美国人》专栏中宣布了关于陷阱门密码的消息以来，在这方面产生了惊人的发展。1990年，贝尔通讯研究所的伦斯特拉(Arjen Lenstra)和数字设备公司的马纳塞(Mark Manasse)领导的小组将一个155位的合数因数分解为3个素数。这项任务要求使用一千台计算机同时工作好几个月。这并没有使基于因数分解困难性的陷阱门密码遭到淘汰。不过，一种被称为RSA的此类密码的使用者们，现在也许会想要转移到使用一些更大的合数，比如说200位数。

　　4年后的1994年，伦斯特拉又干了一次。我作为挑战而发表的那条信息(出价100美元悬赏第一个破解者)由伦斯特拉和他的同伴们破解了。这条信息原来是"魔法单词是神经质的鱼鹰"(The magic words are squeamish ossifrage)。里维斯特随机选择了最后两个单词,并且很快就忘了是哪两个词。他的100美元奖给了伦斯特拉。破解这一密码文本需要将一个129位合数分解因数,这个合数被称为RSA-129。这项任务需要大约600个人,用1600台用互联网相互连接的计算机,花8个月的时间进行因数分解。

以下参考文献展示了伦斯特拉的非凡成就:

"To Break the Unbreakable Number," William Booth, in *The Washington Post*, June 25, 1990, page A3.

"The Assault ..." Gina Kolata, in *The New York Times*, March 22, 1994.

"Small Army of Code-Breakers Conquers a 129-digit Giant." Gary Taubes, in *Science*, vol. 264, May 6, 1994, pages 776—777.

"Team Sieving Cracks a Huge Number." Ivars Peterson, in *Science News*, vol. 14, May 7, 1994, page 292.

"The Magic Words are Squeamish Ossifrage." Brian Hayes, in *American Scientist*, vol. 8, July/August 1994, pages 312—314.

"Superhack." Kristin Leutwyler, in *Scientific American*, July 1994, pages 17—20.

"The Magic Words are Squeamish Ossifrage." Barry Cipra, in *SIAM News*, vol. 27, July 1994.

"Wisecrackers." Steven Levy, in *Wired*, March 1996, page 129ff.

近期有两篇论文讲到如何用掷硬币、骰子和纸牌之类的随机数发生器,通过电话来玩游戏,这两篇论文是:

"Flipping a Coin Over the Telephone," by Charles Vanden Eynden, in

Mathematics Magazine, vol.62, June 1989, pages 167—172.

"Mathematical Entertainments: Playing Games Over the Telephone," by David Gale, in *The Mathematical Intelligencer*, vol. 14, no. 3, 1992, pages 60—64.

关于零知识证明,稍后的参考文献包括:

"Zero Knowledge Proofs," by Catherine McGeoch, in *The American Mathematical Monthly*, August-September 1993, pages 682—685.

"Proof of Purchase on the Internet," by Ian Stewart, in *Scientific American*, February 1996, pages 124—125.

另一项振聋发聩的发展是以下发现:利用按量子力学原理运行的计算机,牢不可破的代码在理论上是有可能实现的。在近期内是不大可能建成这样的计算机的,不过它们实现的可能性在目前催生了一大批技术论文,其作者包括IBM的本内特(Charles Bennett)等人。

拉姆齐数 $R(4,5)$ 等于25这一发现是在1933年由《罗切斯特民主纪事报》(*Rochester Democrat and Chronicle*)首先宣布的,因为它的发现者之一拉齐斯佐夫斯基(Stanislaw Radziszowski)当时是罗切斯特理工学院[①]的一位教授。有人用首字母缩写 B. V. B. 向兰德斯(Ann Landers)去信报告了此事,而她在自己1993年6月22日通过稿件联合组织在多家报刊的建议专栏中发表了这封信。B. V. B.是这样说的:

---

① 罗切斯特理工学院是位于美国纽约州罗切斯特市的一所私立大学,成立于1829年。——译者注

两位教授,其中一位来自罗切斯特,另一位来自澳大利亚,他们一起研究了3年,使用了110台计算机,通过电子邮件相隔10 000英里沟通,最终为一个困惑了科学家们63年的问题画上了句号。这个问题是:如果你正在举行一场聚会,并且希望至少邀请4个彼此认识的人和5个彼此不认识的人,那么你应该邀请多少人?答案是25人。全世界各国的数学家们和科学家们都发来了祝贺的信息。

　　我并不想对这项惊人成就有任何贬损之意,不过在我看来,在这个项目上所花费的时间和金钱,如果能设法投向世界各地那些饱受战争摧残的国家,为数百万受饥挨饿的儿童提供食物,那么它们原本可以得到更好地利用。

兰德斯小姐的答复如下:

亲爱的 B. V. B.：这项"发现"肯定要比你所叙述的重要得多。其原理必定能够应用于解决一些重要的科学问题。如果我读者群中的任何一位能够用一种外行也能理解的语言来提供一种解释，那么我就会刊载出来。在此之前，我还真是"丈二和尚摸不着头脑"呢！

我给兰德斯小姐寄去了这封信：

您寻求一种解释来说明以下证明：如果在一场聚会上至少有4人相互认识，至少有5人互不认识，那么聚会上就需要有25人。这是所谓拉姆齐理论中的一条定理。它可以用纸上的点来模拟，其中各点都代表一个人。每个点与其他每个点之间都用一根线相连。

如果一根线是画成红色的，这就意味着它所连接的两个点所代表的人是相互认识的。如果一根线是蓝色的，这就意味着这两个人相互不认识。我们现在可以提问：如果无论如何用两种颜色来对这些线着色，使其结果必定要么存在4个相互用红线连接的点，要么存在5个相互用蓝线连接的点，那么至少需要多少个点？答案是25，而这个答案知道最近才得以证明。关于这道题目的背景，请参见我的《孔明锁与矩阵博士》一书。

就我所知，这封信并没有发表。也许这个结论究竟可能会有什么用处这一点，仍然把兰德斯小姐给难住了。

拉齐斯佐夫斯基及其同事布麦凯（Brendon Mckay）在一篇论文中发表了他们的证明，该论文题目是"$R(4,5)=25$"（《图论杂志》，1995年第19卷第3期，第309—321页）。

我在第227页说过，我不知道任何简单的方法，可以来确定如何用两根相互垂直的直线来四等分一个边长为3、4、5的三角形面积。希托图马图（Sin Hitotumatu）发表在《研究动态》（Research Activities）1992年第4卷第1—4页的论文《关于M.加德纳的一道四等分题目》中明示了如何做到这一点，其英文版由东京机电大学①的科学与工程系出版。

_____

① 东京机电大学是位于日本东京的一所私立大学，成立于1949年。——译者注

Penrose Tiles To Trapdoor Ciphers:
And The Return of Dr. Matrix
By
Martin Gardner

责任编辑 李 凌
封面设计 戚亮轩

马丁·加德纳数学游戏全集
孔明锁与矩阵博士
【美】马丁·加德纳 著

涂 泓 译

冯承天 译校

上海科技教育出版社有限公司出版发行
(上海市闵行区号景路 159 弄 A 座 8 楼 邮政编码 201101)
www.sste.com www.ewen.co
各地新华书店经销 常熟市华顺印刷有限公司印刷
ISBN 978−7−5428−7233−3/O·1100
图字 09−2013−850 号

开本 720×1000 1/16 印张 13.75
2020 年 7 月第 1 版 2024 年 7 月第 5 次印刷
定价:47.00 元